essentials

essentials liefern aktuelles Wissen in konzentrierter Form. Die Essenz dessen, worauf es als „State-of-the-Art" in der gegenwärtigen Fachdiskussion oder in der Praxis ankommt. *essentials* informieren schnell, unkompliziert und verständlich

- als Einführung in ein aktuelles Thema aus Ihrem Fachgebiet
- als Einstieg in ein für Sie noch unbekanntes Themenfeld
- als Einblick, um zum Thema mitreden zu können

Die Bücher in elektronischer und gedruckter Form bringen das Fachwissen von Springerautorinnen kompakt zur Darstellung. Sie sind besonders für die Nutzung als eBook auf Tablet-PCs, eBook-Readern und Smartphones geeignet. *essentials* sind Wissensbausteine aus den Wirtschafts-, Sozial- und Geisteswissenschaften, aus Technik und Naturwissenschaften sowie aus Medizin, Psychologie und Gesundheitsberufen. Von renommierten Autorinnen aller Springer-Verlagsmarken.

Lothar Staeck

Was bedeutet ökologisches Denken wirklich?

Eine Anleitung zum ökologisch-ganzheitlichen Denken und Handeln

 Springer Spektrum

Lothar Staeck
Berlin, Deutschland

ISSN 2197-6708   ISSN 2197-6716 (electronic)
essentials
ISBN 978-3-662-66760-6   ISBN 978-3-662-66761-3 (eBook)
https://doi.org/10.1007/978-3-662-66761-3

Die Deutsche Nationalbibliothek verzeichnet diese Publikation in der Deutschen Nationalbiblio-
grafie; detaillierte bibliografische Daten sind im Internet über http://dnb.d-nb.de abrufbar.

Planung/Lektorat: Ken Kissinger
Springer Spektrum ist ein Imprint der eingetragenen Gesellschaft Springer-Verlag GmbH, DE und
ist ein Teil von Springer Nature.
Die Anschrift der Gesellschaft ist: Heidelberger Platz 3, 14197 Berlin, Germany

Was Sie in diesem *essential* finden können

- Erläuterung wichtiger Grundbegriffe der Ökologie
- Ausgewählter Beispiele gravierender Auswirkungen auf die Umwelt infolge exklusiven Denkens
- Anleitung zur Aufrechterhaltung einer intakten Umwelt mithilfe eines ökologisch-ganzheitlichen Vorgehens
- Übungen zum ökologisch-ganzheitlichen Denken

Solange der Wille zum Lernen besteht,
gibt es Hoffnung auf eine bessere Welt!

Vorwort

Die Frage, mit welchen Denkansätzen wir Menschen unsere Umwelt, also die Ökosysteme mit ihren pflanzlichen und tierischen Bewohnern sowie mit ihren vorhandenen Ressourcen am besten erhalten und möglichst schonend mit ihnen umgehen, sodass diese auch in den nachfolgenden Generationen präsent sind, hat mich als Hochschullehrer im Rahmen der Biologielehrerausbildung schon immer beschäftigt. In meinen Lehrveranstaltungen und in meinem Lehrbuch für Lehramtsstudierende (vgl. Staeck, 6. Aufl. 2009) habe ich deshalb dieser Frage einen breiten Raum eingeräumt. Als Lösungsansatz zur Beherrschung der weltweiten ökologischen Krise war für mich schon immer nur die ökologisch-ganzheitliche Denkweise geeignet. Dabei habe ich stets betont, dass wir vom homozentrischen Weltbild wegkommen müssen und statt dessen das ökologisch-ganzheitliche Denken ganz wesentlich mit dem universellen Lebensprinzip der Polarität verknüpfen müssen. Diese Meta-Prinzip ist für jedes Lebensmerkmal kennzeichnend, d. h., es ist jeglichem Leben immanent, denn Leben bewegt sich immer zwischen Gegensatzpolen, zwischen Stabilisierung und Destabilisierung, ob es die Gesundheit des Menschen ist oder das Ökosystem See. Ohne die Berücksichtigung dieses Lebensprinzips bei allen ökologischen Denkstrategien wäre diese Denkweise nicht ganzheitlich. Nur durch die Miteinbeziehung der Polarität beim Denken wird die Betrachtung von ökologischen Problemsituationen aus verschiedenen Perspektiven ermöglicht und auch gegensätzliche Standpunkte werden sichtbar.

Parallel dazu habe ich auch auf meinen zahlreichen Reisen zu den biologischen „Hotspots" unserer Erde (z. B. nach Madagaskar, in die Andenregionen, zum Amazonas, zu den Galapagos-Inseln, in die Inselwelt Südost-Asiens) den Mitreisenden immer wieder an Hand von konkreten Beispielen vor Ort deutlich gemacht, wie unökologisches und exklusives Denken zum Zusammenbruch von Ökosystemen und im großen Umfang auch zum Verlust der Biodiversität führt, die für das Überleben der Menschheit eine bedeutsame Rolle spielt. Der Umgang mit der sichtbaren Klimaerwärmung und der aktuellen Energiepolitik in Deutschland sowie auch der Diskurs mit dem Thema „Bevölkerungsexplosion auf unserem Planeten" offenbart, wie groß die Defizite in der Herangehensweise zur Lösung der sich abzeichnenden Probleme sind. Die Tagespolitik, die öffentlichen Medien, aber auch Wirtschaftsunternehmen und die Werbebranche beschränken sich überwiegend auf kurzfristige, nicht zu Ende gedachte Maßnahmen, die lineare und exklusive Denkstrukturen sichtbar machen, die eine Fülle von unökologischen, nicht nachhaltigen Entscheidungen zur Folge haben. Dabei erfordert die aktuelle komplexe Gemengelage ein hohes Maß an ökologisch-ganzheitlichem Denken, in dem der Grundsatz, dass alles mit allem zusammenhängt zum erkenntnisleitenden Prinzip wird.

Berlin   Lothar Staeck
im Dezember 2022

Die Originalversion des Buchs wurde revidiert. Ein Erratum ist verfügbar unter https://doi. org/10.1007/978-3-662-66761-3_5

Inhaltsverzeichnis

Über den Autor

Prof. Dr. phil. habil. Lothar Staeck, Technische Universität Berlin, FG Didaktik der Biologie, Straße des 17. Juni 135, 10623 Berlin; im Ruhestand. lothar.staeck@web.de

Einleitung

Gegenwärtig werden die Nachrichten in Deutschland von einer Reihe von Krisen beherrscht, die von politischen Parteien, NGO's, von den öffentlichen Medien, von Journalisten, Wissenschaftlern und Kirchenvertretern thematisiert werden: Diese reichen von der Corona-Pandemie und der Migrationskrise, über den Ukraine-Krieg und die Klima-Katastrophe bis hin zu einer allgemeinen Umwelt- und Welt-Ernährungskrise. Solche Szenarien sind keine Erfindung der Gegenwart, denn auch in vergangenen Epochen gab es immer wieder derartige Ereignisse. Das zeigt z. B. ein Blick zurück in die 80er Jahre des letzten Jahrhunderts. Auch damals beherrschten zahlreiche (vermeintliche) Krisen die Schlagzeilen, wie z. B. das Ozonloch über der Antarktis, der Sommersmog in den Großstädten Deutschlands, das Waldsterben und der saure Regen in Mitteleuropa, die AIDS-Pandemie, drohende Hungersnöte in der Dritten Welt, (und auch schon) die „Klimakrise".

Zur Lösung dieser tatsächlichen oder vermeintlichen Krisen wurden und werden stets schnelles Handeln angemahnt, wenn die Menschheit noch eine Zukunft haben soll. Dies kann man historisch in Zeitungen nachlesen, als z. B. 1992 in Rio de Janeiro der Umweltgipfel stattfand, aber auch heute lesen wir (fast) dieselben Überschriften wie vor 30 oder 40 Jahren. Die vorgeschlagenen Strategien und Lösungen sind damals wie heute dieselben und offenbaren überwiegend lineare oder sektorale und damit exklusive Denkansätze, die viele Tatsachen verschleiern oder ignorieren und das Ganze nicht im Auge behalten, da sie nicht zu Ende gedacht werden und der Komplexität der jeweiligen Krise nicht ansatzweisegerecht wurden und werden. Dabei Dies habe ich schon während meiner Tätigkeit als Hochschullehrer in der Biologielehrerausbildung bemängelt und immer wieder – auch in meinen Publikationen – gefordert, dass eine Krisenbewältigung nur mit ganzheitlichen Lösungsansätzen und Strategien erfolgreich gestaltet werden kann. Als Tatsache steht fest, dass das Regenerationsvermögen der Natur

L. Staeck, *Was bedeutet ökologisches Denken wirklich?*, essentials, https://doi.org/10.1007/978-3-662-66761-3_1

an Land und auf dem Meer die ausbeutenden Aktivitäten der immer noch expo-
nentiell wachsenden Menschheit nicht ausgleichen kann. Die größte tatsächlich
existierende Krise ist das Bevölkerungswachstum der Menschheit, die allerdings
in keiner Talkshow, in keiner politischen Debatte thematisiert wird.

Die folgenden Zahlen offenbaren die bedrückende Dramatik: Im Jahr 1850, am
Anfang der sogenannten Industriellen Revolution, lebten auf der Erde *1,2 Mrd.
Menschen*, heute im Jahr 2023 sind es *über 8 Mrd.*, also mehr als das *6 ½-
fache*, allein in den letzten 50 Jahren hat sich die Weltbevölkerung verdoppelt. Bei
diesen Zahlen müsste es jedem Menschen bewusst sein, dass ein „weiter so…"
die Existenz der gesamten Menschheit bedroht und nur ein Umdenken auf ein
ökologisch-ganzheitliches Denken die Chance bietet, doch noch die Biosphäre zu
erhalten.

Die Lösungsansätze zur Krisenbewältigung vor allem der Politiker, aber
auch vieler Bürger mit anderen Berufen, zeigen sehr deutlich: Sie haben
nicht verstanden, dass ihre angewandten Vorgehensweisen nicht zur Lösung der
Umweltkrise(n) beitragen, sondern sie sogar noch verschärfen, und dies aus
einem einfachen Grund heraus: Die angestrebten Lösungen werden nicht zu Ende
gedacht! Für viele Protagonisten reicht es nämlich schon, lediglich die behauptete
Nachhaltigkeit und die ökologischen Komponenten ihrer Maßnahmen verbal zu
betonen, ohne sich bewusst zu sein, was Nachhaltigkeit und was „ökologisches
Handeln" tatsächlich bedeuten (hierzu in Kap. 2 mehr).

Vor diesem Hintergrund stellt dieses Essential verantwortlichen Entschei-
dungsträgern und Führungskräften in Behörden, Verwaltungen, Universitäten und
Schulen sowie Politikern, Journalisten, kritischen Bürgern ebenso wie Studie-
renden und Schülern der Oberstufe ein Instrumentarium zur Verfügung, bei
Fragestellungen und Problemsituationen, die die gesamte Biosphäre oder einzelne Ökosysteme betreffen, eine umfassende Systemanalyse vorzunehmen unter
Einbeziehung des ökologisch-ganzheitlichen Denkens, das langfristig angelegt ist.

Der Titel dieses Essential müsste eigentlich „*Biologisches Denken*" heißen,
denn der Begriff „*Biologisch*" ist umfassend und schließt alles Lebendige mit ein
(bios [griech.] = Leben). Da ein solcher Buchtitel jedoch sehr akademisch klingt
und eher auf Leser fokussiert, die in ihrem Umfeld beruflich oder auch privat mit
der Biologie zu tun haben, habe ich beschlossen, den Buchtitel an den derzei-
tigen Zeitgeist anzupassen und damit griffiger zu fassen, nämlich „*Ökologisches
Denken*". Die Ökologie ist zwar ein Teilbereich der Biologie, doch wie ich in
diesem Essential an anderer Stelle ausführe, übernimmt sie zunehmend in wei-
ten Bereichen unserer Gesellschaft die Funktion einer Leitwissenschaft. Also:
„*Ökologisches Denken*" bedeutet auch „*Biologisches Denken*"!

Um ökologisch zu denken, bedarf es jedoch einer Reihe von Voraussetzungen, z. B. das Verständnis einiger ökologischer Grundbegriffe (s. Kap. 2). Hierbei handelt es sich vor allem um solche, die ökologische Zusammenhänge erklären. Dies sind vor allem Begriffe, die deutlich machen, dass in der Ökologie *alles mit allem zusammenhängt*. Dieses Schlüsselverständnis der Ökologie ist für jedwedes ökologisches Denken eine Grundvoraussetzung.

Darüber hinaus sollte das ökologische Denken solange eingeübt und trainiert werden (s. Kap. 4), bis es schließlich internalisiert, also verinnerlicht ist. Erst dann ist die Erkenntnis herangereift, wie anders diese Vorgehensweise ist als etwa beim exklusiven Denken.

Zur Einübung des ökologischen Denkens gehört auch eine Fehleranalyse der vorherrschenden Denkarten. Nur wenn der Leser erkennt, was an aktuell getroffenen Maßnahmen „falsch" ist, also welche Konsequenzen ein exklusives, kategoriales, sektorales und damit unökologisches Denken haben wird, wird er einsehen, wie wichtig es ist, zum Erhalt unserer Biosphäre ökologisch-ganzheitlich und zu Ende zu denken. Deshalb werden in Kap. 3 einige aktuelle Beispiele erläutert, wie exklusives und unökologisches Denken zu einer Schädigung von Ökosystemen führen wird, die unumkehrbar sein wird, wenn nicht bald ein Umdenken stattfindet. Aus Platzgründen konnten in diesem Essential-Band weitere relevante Beispiele für unökologisches Denken nicht behandelt werden, so z. B. die beabsichtigte ausschließliche zukünftige Zulassung von E-Autos, die Errichtung von massenhaften Photovoltaik-Anlagen auf dem Land, die Verwendung von Holz zur Wärmeerzeugung oder die gravierenden Fehler der aktuellen Landwirtschaftspolitik.

In Kap. 4 wird schließlich definiert, was ökologisch-ganzheitliches Denken wirklich bedeutet. So erfährt der Leser konkrete Handlungsanleitungen für sein persönliches Engagement für den Erhalt seiner Umwelt.

Auf diese Weise soll dieser Essential-Band dazu beitragen, dass geplante Eingriffe in Lebensräume und Ökosysteme vorab ökologisch-ganzheitlich überdacht, entsprechend der absehbaren Ökobilanz angepasst oder sogar aufgegeben werden müssen, wenn Kipp-Punkte für das Überleben von Ökosystemen drohen oder die sich abzeichnenden Schäden für bestimmte Tier- und Pflanzenarten und für bestehende Nahrungsketten und Nehrungsnetze zu groß wären.

Wichtige Zielsetzung dieses Bandes bestehen darin, den Leser in die Lage zu versetzen,

- bei der Bewältigung von Alltags- und übergeordneten Problemfeldern, die mit unserer natürlichen Umwelt zu tun haben, ökologische Denkweisen anzuwenden;

- den Ökologiebegriff mit seiner tatsächlichen Wortbedeutung zu füllen und bei Entscheidungen und Handlungen, die unsere Umwelt betreffen, zu berücksichtigen;
- ein größeres Verständnis für ökologische Zusammenhänge zu entwickeln und damit eine größere Kompetenz und Handlungsfähigkeit bei Umweltthemen zu gewinnen.

Was wichtige Begriff aus der Ökologie bedeuten

2

Immer häufiger tauchen ursprünglich auf die Wissenschaftsdisziplin Biologie beschränkte Fachbegriffe, wie z. B. Ökologie, ökologisch, Ökosystem, nachhaltig und Biodiversität in der Tagespolitik, in den öffentlichen Medien, in den Zeitungen und in den Werbe-Anzeigen auf. Diese wissenschaftlichen Begriffe klingen anfangs für Nicht-Biologen und Laien fremd, unvertraut, auch unverständlich, zumindest sperrig, abstrakt und akademisch, denn sie stammen nicht aus ihrem bisherigen Erfahrungshorizont. Inzwischen haben eine Reihe dieser Begriffe jedoch auch Eingang in den nicht-wissenschaftlichen Sprachgebrauch gefunden, allerdings oft nicht in der korrekten wissenschaftlichen Begriffsbedeutung, sondern zunächst nur als „Worthülsen" oder in einer persönlich gefärbten Assoziation (vgl. Ebinghaus 1885).

Schaefer (1992) hat einen Fachbegriff bildlich mit einer Kirsche verglichen. Die Kirsche (= der Begriff) hat einen Kern (= die logische – überpersönliche – Bedeutung) und das umgebende Fruchtfleisch (= das assoziative Umfeld). Diese Metapher ist nützlich für das Verständnis und die Anwendung von Fachbegriffen, denn dem Laien ist die Bedeutung eines ihm unbekannten oder nicht völlig klaren Begriffes zunächst nur diffus begreifbar, dafür verknüpft er diesen Begriff mit seinem persönlichen Alltagsumfeld, gibt ihm unter Umständen auch eine persönlichen Bedeutung, verknüpft ihn auch mit bekannten Ereignissen, Erzählungen, Mitteilungen aus seinem Umfeld, etwa in welchem Zusammenhang hat er den Begriff schon mal gehört, was könnte er bedeuten. Wer dieses *assoziativeUmfeld* weglässt, raubt dem Begriff seine Grundsubstanz, macht ihn leer, unpersönlich und abstrakt. Im ökologisch-ganzheitlichen Denken bildet deshalb der logische Kern und das *assoziative Umfeld* eines Fachbegriffes eine Einheit. Auf diese Weise wird das persönliche Verständnis des Begriffes und damit auch seine Anwendung verbessert.

L. Staeck, *Was bedeutet ökologisches Denken wirklich?*, essentials, https://doi.org/10.1007/978-3-662-66761-3_2

Die zu einem Begriff vorhandenen Verknüpfungen sind demnach nicht rein zufällig, sondern sie bestimmen im täglichen Umgang das Verständnis eines Begriffs wesentlich mit. Daher sollten sie nicht vernachlässigt werden.

Dies ist auch der Grund, warum solche Verknüpfungen hier exemplarisch in den Text mit einbezogen werden, damit die Leser die in diesem Kapitel beschriebenen Begriffe aus der Ökologie (Ökosystem, Biodiversität, Biosphäre, ökologisch, Nachhaltigkeit, Ressourcen, Schwellen- und Grenzwert, exponentielles Wachstum, Ökobilanz) voll erfassen kann und zu einem Begriffsnetz verbinden kann. Ein derartiges Begriffsnetz stellt in seiner Gesamtheit eine Beschreibung der Ökologie dar, sodass dieses Fachgebiet besser verstanden wird und für den Anwender eine persönliche Bedeutung erlangen kann.

Nachfolgend sind die Leser beispielhaft aufgerufen, zu dem Begriff „Ökosystem" frei und spontan zu assoziieren und diese Assoziationen (= das assoziative Umfeld) auf einen Zettel zu schreiben.

Aufgabe

Schreiben Sie auf einem Zettel spontan und ohne nachzudenken alle Stichpunkte auf, die Ihnen zu dem Begriff „Ökosystem" einfallen. Sie haben dazu 30 Sekunden Zeit!

Sammlung von Äußerungen zum Begriff „Ökosystem" einiger Bekannten des Autors:

Abhängigkeit, Ausgeglichenheit, Verbindungen, Landwirtschaft, Naturschutz, Umwelt, Grün, Umweltverschmutzung, Klimawandel, Natur, Wald, Meer, Gefährdung, Abfall, Abgase, Mensch, Tiere, Pflanzen, Zerstörung, Wachstum, Straßen

Die nachfolgend wiedergegebenen Assoziationen zum Begriff „Ökosystem" wurden im Rahmen des Biologieunterrichtes von Schülern genannt (zum logischen Kern dieses Begriffes s. Abschn. 2.3):

- *„Ein Ökosystem ist vielleicht etwas Wissenschaftliches, es hängt vielleicht mit dem Strom zusammen."* (12-Jähriger Junge);
- *„Ökosystem ist, wenn in der Natur noch alles in Ordnung ist."* (15-Jähriger Junge);
- *„Ökosystem ist, wenn Tiere fressen und selbst gefressen werden."* (14-Jähriges Mädchen);
- *„Die Umgebung mit ihren Lebewesen, von der man eingeschlossen ist. Das Ökosystem ist schön und jedes Element des Ökosystems hat eine eigene Funktion."* (15-Jähriges Mädchen).

Diese Übung macht dem Leser bewusst, in welchem persönlichen Erfahrungshorizont sich dieser Begriff bei ihm befindet. Der Leser wird, wenn er nicht biologisch vorgebildet ist, erkennen, dass bei den genannten Assoziationen der Begriff „Ökosystem" zwar „eingekreist" wird, doch wesentliche und entscheidende Elemente seiner exakten wissenschaftlichen Bedeutung fehlen, so z. B. die tatsächlichen Beziehungsgefüge zwischen den interagierenden Pflanzen, Tieren und Menschen eines Ökosystems sowie die bestehenden Stoffkreisläufe (s. Abschn. 1.4).

Mit der Einbeziehung des „assoziativen Umfeldes" bei der Erörterung eines Fachbegriffes wird sich der Leser zunächst gefühlsmäßig und mental mit dem jeweiligen Begriff auseinandersetzen, bevor er an die eigentliche Begriffsbedeutung herangeführt wird.

So wird bei ihm das Bedürfnis geweckt, den logischen Kern des Begriffs (seine exakte Definition) zu erfahren. Der aus diesem einfachen Test resultierende Lerneffekt besteht darin, dass der Leser diesen (Fach-)Begriff in Zukunft umfassender und definitionsgemäß versteht und anwendet, nämlich dreiteilig: Name + logischer Kern + persönliches assoziatives Umfeld (vgl. Schaefer 1992). Mit den übrigen für das ökologisch-ganzheitliche Denken bedeutsamen Begriffen kann der Leser dann genauso verfahren.

2.1 Ökologie

Es war der Kieler Lehrer Friedrich Junge mit seiner kleinen Veröffentlichung über den Dorfteich als Lebensgemeinschaft im Jahre 1885 (vgl. Junge 1985) und der Professor Karl August Möbius mit seinen Untersuchungen zu den Austernbänken im nordfriesischen Wattenmeer 1877 (vgl. Möbius 2006), die mit ihren Arbeiten den Anstoß für die Entwicklung einer eigenständigen Ökologie als Wissenschaftsdisziplin gaben. Als eigentlicher Begründer der Ökologie gilt indes der Zoologie-Professor Ernst Haeckel, indem er diesen Begriff folgendermaßen definierte (Haeckel 1866):

„Unter Oecologie verstehen wir die gesamte Wissenschaft von den Beziehungen der Organismen zur umgebenden Außenwelt, wohin wir im weiteren Sinne alle Existenzbedingungen rechnen können."

Heute untersucht die Ökologie – etwas moderner formuliert – die Umweltbeziehungen von Organismen, ihre Wechselbeziehungen untereinander und zwischen ihnen und ihrer unbelebten Umwelt, wie z. B. Erde, Steine, Feuchtigkeit, Licht, Temperatur (vgl. Raven et al. 2006, S. 785).

Seit Ende der 80er Jahre des letzten Jahrhunderts ist die biologische Teildisziplin „Ökologie" auf dem Weg, in der Politik, der Wirtschaft und sogar im privaten Bereich zu einer Art Leitwissenschaft zu werden (vgl. Ruckelshaus 1989). Sie ist eine echt integrierende Wissenschaft, die zahlreiche Elemente anderer Wissenschaftsgebiete mit einbezieht, etwa aus der Botanik, Zoologie, Mikrobiologie, Bodenchemie, Meteorologie, Geografie, Mathematik, Physik und der Soziologie (vgl. Schaefer 1978, S. 12).

Innerhalb der Ökologie gibt es weitere Begriffe, die ebenfalls Eingang in die Alltagssprache gefunden haben, wobei die Anwender in der Regel nur eine vage oder ungefähre Vorstellung von der tatsächlichen Wortbedeutung, von seinem logischen Kern (= Definition) hat. Das trifft beispielsweise auf die Begriffe „ökologisch" und „nachhaltig" zu, die inflationär fast täglich in jeder Zeitung, in den Abendnachrichten und in der Werbung auftauchen – allerdings meist nur als Worthülsen. In der Regel werden diese Begriffe lediglich als „Alibi" verwendet, ohne dass Begründungen oder Erläuterungen mitgeliefert werden. Genauso oft werden diese Begriffe – leider auch von Politikern – aus Unkenntnis der biologischen Tatbestände missverständlich oder sogar bewusst falsch verwendet, wenn z. B. formuliert wird: „…aus ökologischen Gründen".

Das Adjektiv „ökologisch" ist eine Ableitung seines Substantives und bedeutet zunächst lediglich „die Ökologie betreffend".

Merksatz/Wichtig
Umgangssprachlich bedeutet „ökologisch" im seiner semantisch korrekten Wortbedeutung, *schonend im Sinne von nachhaltig mit den natürlichen Rohstoffen und allen Mitgliedern der natürlichen Umwelt umzugehen, sodass die Biodiversität erhalten bleibt.*

Tagtäglich werden allerdings Verhaltensweisen, Produkte, Dienstleistungen, Maßnahmen als positiv für die Umwelt – eben „ökologisch" – angepreist bzw. herausgestellt, obwohl dabei gar keine, im eigentlichen Wortsinn positive ökologische Wirkungen erzielt werden:

- Wenn beispielsweise in einer Werbung für Fertighäuser „ökologisches Bauen" betont wird, bedeutet dies im eigentlichen Wortsinn, dass alle Belange der Ökologie, also alle wechselseitigen Tier- und Pflanzenbeziehungen sowie alle diese beeinflussenden abiotischen Faktoren bei dem Bau eines Hauses so berücksichtigt werden, dass sich keine negativen Auswirkungen auf ihre Nachhaltigkeit und Biodiversität ergeben. Liest man dann über die Fertigung der Baustoffe, erfährt man jedoch weder etwas über ihre Ökobilanz noch über ihre nachhaltige Produktionsweise.
- Wenn von einem guten ökologischen Zustand eines Gewässers die Rede ist, dann ist damit gemeint, dass sich die Lebensbedingungen für seine tierischen und pflanzlichen Bewohner (etwa Fische Insekten, Amphibien, Wasserpflanzen, Einzeller) also Sauerstoffgehalt, Wassertemperatur, ph-Wert, Nährstoffgehalt, im Gleichgewicht befinden und die Nahrungsketten und Nahrungsnetze in diesem Gewässer funktionieren. Dies muss dann aber auch dokumentiert werden, sonst bleibt hier das Adjektiv „ökologisch" lediglich eine Worthülse.

2.2 Biosphäre

Die Gesamtheit aller Ökosystem unseres Planeten wird als Biosphäre bezeichnet. Zwischen den einzelnen Ökosystemen besteht ein dynamisches, über Jahrmillionen sich entwickeltes und schließlich ausbalanciertes Gleichgewicht mit engen Wechselbeziehungen unter einander, das weder Energie- noch Abfallprobleme kennt. Die Pfeile in Abb. 2.1. sollen diese Beziehungen zum Ausdruck bringen.

In der ursprünglichen Biosphäre gibt es keinen Abfall! Erst wir Menschen haben durch unser exponentielles Wachstum und unseren technischen Fortschritt das ursprünglich bestehende ökologische Gleichgewicht in Unordnung gebracht, wodurch unglaubliche Mengen an Abfall und Müll entstehen, welcher nicht regeneriert und wiederaufbereitet werden kann.

Die biologische Vielfalt der belebten Erde ist eine Folge vorangegangener und noch andauernder Evolutionsprozesse. Wir Menschen greifen jedoch mit den stark steigenden Bevölkerungszahlen in die meisten Ökosysteme massiv ein, was wiederum Auswirkungen auf alle anderen existierenden Ökosysteme hat. Diese Störungen pflanzen sich zwischen den Ökosystemen wie ein Schneeballsystem

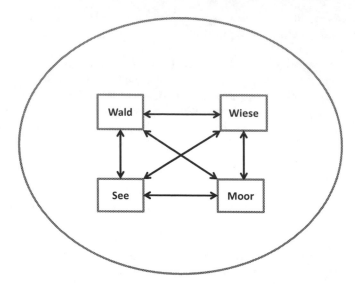

Abb. 2.1   Die Gesamtheit aller Ökosysteme wird als Biosphäre bezeichnet

fort und betreffen letztendlich auch die gesamte Biosphäre. In ihrem exklusiven Denkmuster haben viele Menschen immer noch nicht verstanden, wie die Biosphäre unseres Planeten funktioniert: Eine gewaltige Umwälzpumpe aus Luft- und Meeresströmungen, mit der aus physikalischen Gründen alles überallhin verteilt wird, da unterschiedliche Gas-, (Luft-)Druck- und Temperaturunterschiede stets nach einem Ausgleich streben. Alle Ökosysteme unserer Erde hängen also miteinander zusammen, eine Erkenntnis, die noch längst nicht allen Politikern bewusst ist (vgl. Abb. 2.1). In diesem Zusammenhang deuten viele Indizien darauf hin, dass vor allem die großen Meeresströmungen des Südpolarmeeres sowie die nordatlantische, die pazifische und die El Nino-Southern Oszillation für die Klimaentwicklung auf unserem Planeten verantwortlich sind (vgl. Vahrenholt/ Lüning 2020, s. 69ff).

Die Erde mit ihrer Biosphäre ist wie ein Meta-Organismus, der nach Jahrmillionen andauernder Evolution ein Klimaxstadium erreicht hat. Die Atemluft für Menschen und Tiere, das CO_2 für grüne Pflanzen, der fruchtbare Boden sowie das Klima, das unser Leben erst ermöglicht hat, sind in dieser langen Zeitspanne entstanden. In dieser Biosphäre finden ständig Interaktionen zwischen ihren Ökosystemen und ihrer belebten und unbelebten Umwelt statt in einer Weise, die das gesamte System in einem dynamischen Gleichgewicht belassen. Die Menschheit ist in dieses gesamtökologische Geschehen der Erde eingebettet. Durch ihre ungehemmte Vermehrung ist dieses dynamische Gleichgewicht allerdings inzwischen nachhaltig (sic!) gestört. Die hier beschriebene holistische Perspektive einer Biosphäre wurde von Lovelock in seinem *Gaia*-Konzept (nach der griech. Göttin der Erde) ausführlich erläutert (Lovelock 2021). Diese Sichtweise garantiert, dass wir unsere Erde als Ganzes sehen, auf der alles mit allem zusammenhängt.

2.3 Ökosystem

Ein Haufen Sand ist kein System, denn ob wir Teile davon austauschen, wegnehmen oder hinzufügen, es bleibt ein Haufen Sand. Bei einem Öko-**System** ist hingegen die Sachlage völlig anders, denn dieses ist mehr als die Summe seiner Bestandteile. Dieses „mehr" manifestiert sich in der Organisation und in den Wechselbeziehungen seiner Mitglieder.

Ein Ökosystem ist ein definierter Ausschnitt – ein Sub-System – aus der Biosphäre, z. B. ein See, der eine bestimmte Lebensgemeinschaft mit Primärproduzenten und Konsumenten umfasst, die dergestalt in Nahrungsketten und Nahrungsnetzen interagieren, dass ein ständiger dynamischer Energie- und Stoffkreislauf erfolgt. Einige Ökosystem bestehen aus einer ungeheuren Fülle miteinander interagierender Lebewesen, wie z. B. Korallenriffe oder tropische Regenwälder. Das Aussterben einer Tierart – vor allem an der Spitze von Nahrungsketten – wirkt sich häufig kaskadenartig nicht nur auf die berührte Nahrungskette sondern auch auf das gesamte Nahrungsnetz des betroffenen Ökosystems aus. Kein Organismus lebt demnach in Isolation, sondern in stetiger Wechselbeziehung mit anderen Organismen(-arten) und mit den Komponenten der unbelebten Umwelt. Solche Ökosysteme sind beispielsweise Wälder, Saumbiotope von Straßen, Wiesen, Weiden, Felder, Dünen, Moore, Gräben, Pfuhle, Bäche, Flüsse, Seen, Meere. In diesen Ökosystemen herrscht, wie oben beschrieben, ein dynamisches Beziehungsgefüge zwischen ihren pflanzlichen und tierischen Bewohnern sowie zwischen den beteiligten Mineralien und Gasen. Viele Ökosysteme stehen auch miteinander in einer engen Wechselbeziehung, wie z. B. Fließgewässer mit ihrer umgebenden Auen-Landschaft. Auf diese Weise ist einerseits die Unbegrenztheit für jedes Ökosystem kennzeichnend, andererseits aber auch die Begrenztheit seiner natürlichen und materiellen Ressourcen, die sich in einem ständigen Kreislauf befinden – wenn der Mensch nicht eingreift.

Bestimmte Ökosysteme werden als „Hotspots" bezeichnet. Sie sind meist geografisch eng definierte Gebiete mit einzigartigen Erscheinungsformen, die sehr sensibel auf menschliche Eingriffe reagieren (z. B. das Wattenmeer an den Küsten Nord-Deutschlands). In Ökosystemen gibt es sogenannte *Schlüsselarten* (z. B. der Rotmilan oder der Seeadler im Ökosystem Wattenmeer), deren ökologische Funktion für viele andere Arten und das gesamte Ökosystem von grundsätzlicher, existenzieller Bedeutung sind. Diese sind allerdings nur zu identifizieren, wenn man Ökosysteme ganzheitlich-inklusiv durchdenkt.

Der Mensch nimmt mit seiner stetig zunehmenden Weltbevölkerung einen immer stärkeren Einfluss auf inzwischen nahezu alle Ökosysteme unseres Planeten, deren Nahrungsketten und – netze nunmehr zunehmend „ausgedünnt" und damit instabiler und störanfälliger werden. Da wir Menschen in die bestehenden Ökosysteme eingebunden sind, wir ein Teil von ihnen sind, müssen wir auch die Prinzipien dieser Ökosysteme in unserem Handeln berücksichtigen. Dies können wir jedoch nur, wenn wir ökologisch-ganzheitlich denken (vgl. Kap. 4). Das bisher übliche ökonomische Handeln der Menschen basiert leider noch immer überwiegend auf exklusivem Denken und hat deshalb gravierende Auswirkungen auf die bestehenden Ökosysteme. Das führt dann zu fatalen Folgen für die Flora und Fauna, wie wir sie beispielsweise nach der Errichtung der Windkraftanlagen (vgl. Abschn. 3.2) registrieren.

Im dicht besiedelten Deutschland sind viele frühere Ökosysteme schon länger in Kulturland umgewandelt worden, wodurch die Vielfalt der tierischen und pflanzlichen Arten dramatisch verloren gegangen ist. Wenn sich diese Entwicklung weiter fortsetzt und die verbliebenen Ökosysteme ebenfalls nachhaltig gestört werden, sodass ihre biologischen Vielfalt verschwindet, wird auch das Überleben der Menschheit in größte Gefahr geraten.

Die Beschäftigung mit biologischen Systemen – mit Ökosystemen – erfordert deshalb ökologisch-ganzheitliches Denken (vgl. Kap. 4), denn sonst bleiben viele Teilaspekte und Probleme sowie die bestehenden engen Zusammenhänge unerkannt.

2.4   Biodiversität

Diversität bezeichnet die Vielfalt tierischen und pflanzlichen Lebens. Im Jahr 1992 wurde in Rio de Janeiro die Biodiversitäts-Konvention als „Übereinkommen über die biologische Vielfalt" verabschiedet. Bislang sind dem Abkommen 196 Staaten (inklusive der EU-Kommission) beigetreten (Stand: Oktober 2020). In diesem Vertragswerk verpflichten sich die unterzeichnenden Staaten, die natürlich Biodiversität zu erhalten, einen nachhaltigen Umgang mit ihr zu pflegen und die Erträge aus den genetischen Ressourcen der Erde in fairer Weise zu teilen

(vgl. Streit, 2007, S. 14). Der in diesem Essential-Band geforderte ökologisch-ganzheitliche Denkansatz ist untrennbar mit diesem Biodiversitäts-Verständnis verbunden.
Biodiversität meint

- die Diversität innerhalb von Arten (genetische Vielfalt),
- die Diversität von Arten (Artenvielfalt der Ökosysteme),
- die Diversität von Ökosystemen auf dem Festland und im Wasser.

Nach der Biodiversitäts-Konvention ist neben der Artenvielfalt auch den Ökosystemen besondere Beachtung zu schenken.
Warum braucht die Menschheit biologische Vielfalt?
Zum einen ist genetische Vielfalt ein unersetzbarer Schatz der Biosphäre Erde. Nur mit diesem genetischen Reservoir lassen sich zukünftige klimatische, geologische oder physikalische Umweltveränderungen begegnen. Auch ist die möglichst große Individuenzahl innerhalb einer Art von herausragender Bedeutung (die Art *Homo sapiens* bleibt bei dieser Betrachtung einmal ausgeschlossen), denn die Kreuzung genetisch ähnlicher Individuen kann zu einer Anreicherung schädlicher Genvarianten (Allelen) führen. Wenn weder eine große Individuenzahl noch eine große Artenzahl vorhanden sind, werden die betroffenen Ökosysteme verloren gehen, denn dann folgt eine genetische Verarmung der Arten, die zu geringerer Widerstandskraft gegenüber wechselnden Umweltbedingungen sowie auch gegenüber Krankheitserregern führt, wodurch sich die langfristige Überlebenswahrscheinlichkeit der betroffenen Populationen verringert. Die kritische Grenze einer überlebensfähigen Populationsgröße liegt bei 50–500 Individuen (vgl. Frankel und Soulé 1981). Warum sollten wir eine solche Gefahr riskieren, was z. B. aktuell an der Westküste Schleswig-Holsteins passiert, wo für den Bau von Windkraftanlagen der Artenschutz, z. B. beim Rotmilan, zugunsten des abstrakten Populationsschutzes aufgegeben wurde? Die Antwort auf die gestellte Frage kann nur aus einem ökologisch-inklusiven Denkansatz heraus erfolgen, denn jeder lebende Organismus hat ohne jede Einschränkung seine Existenzberechtigung. Ein Baum, eine Maus oder ein Mensch ist innerhalb der Biosphäre Teil eines komplexen Systems mit interagierenden Wechsel- und Rückwirkungen. *Alle* Lebewesen unseres Planeten sind langfristig nur innerhalb von Lebensgemeinschaften existent und lebensfähig, nicht jedoch als isolierte Individuen. Leben und biologische Vielfalt bilden eine Einheit und gehören deshalb untrennbar zusammen. Deshalb ist biologische Vielfalt ein essentielles Überlebensprinzip. Um dieses Prinzip stets anzuwenden, bedarf es eines

ökologisch-ganzheitlichen Denken, bevor es zu spät ist, denn die sich abzeich-
nende Biodiversitätskrise bedroht massiv die natürlichen Lebensgrundlagen der
Menschheit. Der sich immer weiter beschleunigende Verlust an Biodiversität auf unserem Planeten wird wesentlich durch den exponentiellen Anstieg
der Erdbevölkerung mit dem einhergehenden Ressourcenverbrauch (Landfläche,
Wälder, Meere, Energie, Rohstoffe, Nahrung) sowie durch die immer weiter
fortschreitenden Industrialisierung der noch bestehenden Ökosysteme verursacht.

2.5   Nachhaltigkeit

Dieser sehr alte deutscher Begriff erlebte Ende der 80er Jahre eine Renaissance
mit der Veröffentlichung des Brundtland-Berichtes der Weltkommission für
Umwelt und Entwicklung (Weltkommission 1987), in dem der englische Begriff
sustainable development verwendet wurde und mit seiner Übersetzung in die
deutsche Umweltbewegung und Umweltpolitik Eingang fand. Heute wird dieser Begriff inflationär verwendet, von Politikern aller Parteien ebenso wie von
den öffentlichen Medien, den Gewerkschaften, Kirchen und Unternehmen sowie
im großen Umfang auch von der Werbung. Vielen Akteuren dient er häufig auch
als „Alibi-Begriff", um die eigene, oft gar nicht Ressourcen schonende Vorgehensweise zu rechtfertigen. Dabei wird dieser Begriff meist stark verkürzt und
gleichbedeutend mit „umweltschonend" verwendet.

> **Wichtig/Merksatz**
> Nachhaltigkeit oder nachhaltige Entwicklung bedeutet, dass die gegen-
> wärtige Generation in einer Weise ihre Bedürfnisse befriedigt, dass auch
> künftige Generationen ihre Bedürfnisse erfüllen können und diese nicht
> etwa einschränken müssen. Dabei ist es wichtig, die drei Dimensionen
> der Nachhaltigkeit – wirtschaftlich- effizient, sozial- gerecht, ökologisch-
> tragfähig – gleichberechtigt zu betrachten.
>   Eine sehr gut verständliche Definition von Nachhaltigkeit liefern auch
> Meadows u. a.: „Eine Gesellschaft verhält sich dann nachhaltig, wenn sie
> so strukturiert ist und sich so verhält, dass sie über alle Generationen exis-
> tenzfähig bleibt" (Meadows et al. 1993, S. 250). Es geht also vor allem um
> den schonenden Umgang mit sich regenerierenden Ressourcen wie Land-
> flächen, Böden, Wasser und die lebende Umwelt wie z. B. Wälder und
> Fischbestände nach dem Motto „Nicht mehr ernten als nachwächst!".

Seit der UN-Konferenz für Umwelt und Entwicklung, die 1992 in Rio de Janeiro stattfand, ist die nachhaltige Entwicklung als globales Leitprinzip international akzeptiert. In der Agenda 21 dieser Konferenz wurde Nachhaltigkeit als übergreifendes Ziel der Politik im 21. Jahrhundert definiert. Bis heute gibt es allerdings keine eindeutigen Standards für Nachhaltigkeit, z. B. in Form einer Oköbilanz (vgl. Abschn. 2.7.). Dadurch wird oft von Wirtschaftsunternehmen, sogar von staatlichen Behörden und Ämtern „Greenwashing" betrieben, indem einfach behauptet wird, die durchgeführte Maßnahme bzw. das angebotene Produkt sei ökologisch verträglich, umweltfreundlich und nachhaltig, obwohl das nicht zutrifft. Da wird verschleiert und beschönigt und positive Auswirkungen behauptet trotz eines negativen Zusammenhanges (s. hierzu die Webseite der „Marine Stewartship" [www.msc.org/de]).

2.6   Ressourcenverbrauch

Zu den natürlichen Ressourcen zählen Rohstoffe (z. B. Eisenerz, Öl), aber auch die Bestandteile der natürlichen Umwelt wie Wälder, Wildtiere, Fischbestände sowie Gewässer, Meere, Böden und die Atmosphäre. Als heterotrophe Lebewesen muss sich die Spezies Mensch Natur aneignen, sie auch nach seinen Bedürfnissen verändern. Wissenschaftliche Untersuchungen zum globalen Zustand der Umwelt zeigen jedoch sehr deutlich, dass durch die immer weiter fortschreitende extensive Landnutzung und -versiegelung insbesondere durch das exponentielle Bevölkerungswachstum mittlerweile alle natürlichen Ressourcen hochgradig gefährdet sind (sogar Sand). Ihre ungebremste Ausbeutung gefährdet zunehmend die Existenzgrundlage von Gesellschaften in den Entwicklungsländern, die dadurch gezwungen sind, gegen ihre ursprünglichen Philosophie ebenfalls die Natur auszubeuten. Naturnahe Gesellschaften gehen traditionell von ihrem Wissen und ökologischen Denken her nachhaltig mit ihrer Umwelt um und respektieren das Miteinander von Natur und Mensch. In den Papua-Gesellschaften Papua-Neuguineas haben beispielsweise die Federn des männlichen Paradiesvogels einen großen Stellenwert. Sie dienen als Schmuck bei vielen Ritualen. In der Umgebung eines Dorfes werden indes nur so viele Vögel getötet, dass das Überleben der Art gesichert ist. In den sogenannten „modernen" Gesellschaften ist dieses Wissen und die damit verbunden Denkweise jedoch häufig verloren gegangen, sodass ökologisches-inklusives Denken neu gelernt werden muss.

2.7   Ökobilanz und Verursacherprinzip

Nur wenn wir den gesamte Kontext einer Maßnahme oder Produktherstellung zu Ende denken, sind wir in der Lage, ihre Nachhaltigkeit und damit ihre Umweltfolgen zu erkennen. Eine umfassende Ökobilanz ermittelt, wie stark ein Ökosystem und die natürlichen Ressourcen der Erde durch uns Menschen beansprucht werden. Hierzu wird z. B. die Entnahme der Rohstoffe aus einem Ökosystem, die Herstellung der Maschinen zu ihrer Gewinnung, ihr Transport, die Verluste in den ursprünglichen Stoffkreisläufen, die Herstellung (und der Erhalt) eines Produktes, der Transport eines Produktes und schließlich seine Entsorgung berechnet. Nach der Vornahme einer Ökobilanz kann eine (vorläufige) Umweltfolgenabschätzung vorgenommen werden. Hier merkt man, wie aufwändig eine solche Bestandsaufnahme ist.

Das Verursacherprinzip hingegen, das 1971 durch die damalige Bundesregierung eingeführt wurde, greift zu kurz und ist eher Ausdruck eines exklusiven Denkansatzes. Danach muss zwar jeder, der die Umwelt belastet oder schädigt, für die daraus entstehenden Folgeschäden aufkommen, doch einzelne Verursacher lassen sich zumeist nicht zweifelsfrei ermitteln und Umweltschäden werden häufig erst nach längeren Zeiträumen erkennbar, wie man das z. B. bei den Windkraftanlagen aktuell sieht. Stattdessen sollten wir ökologisch-ganzheitlich denken, indem wir eine Ökobilanz durchführen.

Neuerdings wird in der Öffentlichkeit gern die Begriff *CO$_2$-Fußabdruck* verwendet, um damit auf den eher fiktiven, grob abgeschätzten individuellen CO$_2$-Verbrauch im täglichen Leben hinzuweisen. Damit wird jedoch lediglich exklusiv auf die CO$_2$-Emission Bezug genommen. Ein derartiger *„Fußabdruck"*, der für eine vollzogene Handlung oder eine Produktherstellung lediglich einen, im Übrigen nicht seriös aufgeschlüsselten Wert ermittelt, suggeriert eine Genauigkeit, die nicht vorhanden ist. Auch der Begriff des *„ökologischen Fußabdruckes"* wird immer häufiger in den Medien verwendet und als Maß der ökologischen Belastung verstanden, die eine Maßnahme oder die Herstellung eines Produktes verursacht. Die Berechnungsgrundlagen auch dieses Begriffes sind allerdings sehr allgemein gehalten: Die Autoren behaupten zu berechnen, wie viel bearbeitete Fläche jeder einzelne Mensch benötigt, um seinen lebensnotwendigen Bedarf dauerhaft zu decken (siehe hierzu z. B. unter Wikipedia.de diesen Begriff). Welche Parameter in die Berechnungen eingehen, wird nicht konkretisiert. Damit verschleiert dieser Begriff die tatsächlichen Auswirkungen einer konkreten Maßnahme bzw. einer Produktherstellung, wie sie bei einer seriösen Ökobilanz vorgelegt werden.

Schließlich wird immer häufiger auch der Begriff „*Klimabilanz*" verwendet, der ebenso wie der „*CO₂-Fußabdruck*" lediglich auf einen Teilaspekt rekurriert, nämlich die CO_2-Emission. So wird gern für den Lebenszyklus eines neu errichteten Hauses eine Klimabilanz erstellt, indem die insgesamt „emittierten CO_2-Mengen" berechnet werden. Die verbauten Rohstoffen und der Landverbrauch bleiben hierbei ebenso unberücksichtigt wie etwa bei der Verwendung von Holz die entstandenen Verluste in der CO_2-Bilanz, in den Nahrungsketten und – netzen für den Wald.

Einzig die Ökobilanz zu ermitteln bedeutet, ökologisch-ganzheitlich vorzugehen.

2.8 Schwellen-, Grenzwerte und exponentielles Wachstum

In einem mit der Umgebung vernetzten Ökosystem, etwa einem Teich, kann sich ein zunächst in einem dynamischen Gleichgewicht befindlicher Zustand, z. B. zwischen Wasserflöhen einerseits und einzelligen Grünalgen sowie Einzellern andererseits, durch plötzlich Einleitung von Düngerrückständen infolge heftiger, mehrtägiger Sommergewitter schlagartig ändern:

Die bis dahin ausbalancierte Situation zwischen diesen Lebewesen und den Nährstoffen in dem vernetzten System See kommt aus dem Gleichgewicht. Die Grünalgen vermehren sich explosionsartig, doch der Eintrag des stark nährstoffreichen Düngers in den Teich nimmt weiter zu. Die Selbstreinigungskraft dieses Gewässers nimmt erst einmal weiter stark zu, da sich die Grünalgen infolge des großen Nährstoffangebotes zunächst in demselben Ausmaß vermehren, bis schließlich ein *Schwellenwert* erreicht ist, von dem an diese Selbstreinigungskraft des Gewässers nicht mehr Schritt halten kann mit dem weiter ansteigenden Nährstoffeintrag. Nach einer kurzen Zeitspanne wird dann ein bestimmter Grenzwert erreicht, der als *Kipp-Punkt* oder eben *Grenzwert* bezeichnet wird (vgl. Abb. 2.2). Wird auch dieser kritische Wert überschritten, setzt eine Kaskade von Ereignissen ein, die sich weder stoppen noch rückgängig machen lässt – auch nicht mit Gegenmaßnahmen: Das weitere *exponentielle Wachstum* der Grünalgen sowie nunmehr auch von weiteren Einzellern und Bakterien führt zu einem schlagartiger Abnahme der Nährstoffmenge und des Sauerstoffgehaltes des Wasser. Letzterer geht schließlich gegen Null. Dieser Prozess ist in diesem Stadium unumkehrbar. Es kommt zur Katastrophe, der Teich gerät völlig aus dem Gleichgewicht und „kippt um" mit der Folge, dass alle Lebewesen, die auf Sauerstoff angewiesen sind, absterben.

Abb. 2.2 Schwellen- und
Grenzwert, der als
Kipp-Punkt bezeichnet wird

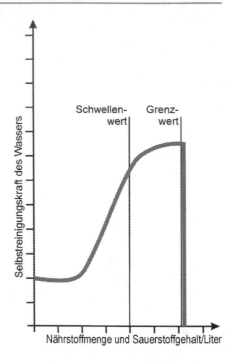

    Wir Menschen sind hinsichtlich des Eintretens dieser Schwellenwerte und
Kipp-Punkte völlig unerfahren und werden von diesen – wenn sie denn auftreten – förmlich überrumpelt. Deshalb kommt es darauf an, für diese Voraussa-
gemöglichkeiten zu entwickeln, z. B. Erkennungszeichen von Warnsignalen (im
angeführten Beispiel das Luftschnappen der Fische, das Auftreten extrem vieler Algen („Algenblüte") oder auch ein regenbogenartiger Bakterienfilm auf der
Wasseroberfläche.
    Beispiele für *exponentielles Wachstum* mit einhergehendem Schwellen- und
Grenzwert in aquatischen Ökosystemen sind unter bestimmten Voraussetzungen
(z. B. hohes Nährstoffangebot) die Vermehrungsraten der Kleinen Wasserlinse *(Lemna minor)* in unseren Breiten und der Wasserhyazinthe *(Eichhornia
crassipes),* die in nahezu alle tropischen Gewässer außerhalb ihres ursprünglichen Vorkommens in der Amazonasregion eingeschleppt wurde. Beide Arten
verdoppeln ihre Individuenzahl durch ungeschlechtliche Vermehrung innerhalb
einer bestimmten Zeitspanne bei einem außergewöhnlichen Nährstoffangebot
und weiteren idealen Lebensbedingungen. Dieses Phänomen wird – wie bereits

angemerkt – als *exponentielles Wachstum* bezeichnet. Es beschreibt ein mathematisches Modell für einen bestimmten Wachstumsprozess, also die Zunahme oder sogar Verdoppelung einer bestimmten Messgröße oder der Anzahl der Individuenzahl einer Art (Viren, Bakterien, Pflanzen, Tiere, Menschen) in einem bestimmten Zeitverlauf (vgl. Abb. 2.4).

Wie bei dem plötzlichen Eintreten eines Schwellen- und Grenzwertes sind wir auch bei einem exponentiellen Verlauf einer Entwicklung zumeist überfordert, denn dieser Wachstumsprozess verläuft für uns Menschen außerhalb unseres bisherigen Erfahrungshorizontes, so läuft er erst einmal unerkannt ab, denn er ist mental zunächst schwer zu begreifen.

Ganz anders vollzieht sich hingegen das *lineare Wachstum,* das uns aus vielen Beispielen bekannt ist. Bei diesem Wachstumsverlauf verändern sich die Auswirkungen (z. B. die Sauerstoffproduktion in einem Park) im gleichen Maße wie ihre Ursachen (Anzahl der Pflanzen in der Grünanlage). Die Zuwachsraten sind bei einem linearen Wachstum stets gleich und werden meist als prozentuale Wachstumsraten pro Zeiteinheit angegeben. Wenn man die Werte in ein Koordinatensystem mit x- und y-Achse einträgt, ergibt sich eine gerade Linie, wie im nachfolgenden Beispiel beschrieben (vgl. Abb. 2.3). So stieg beispielsweise der Alkoholkonsum in Westdeutschland von 1950-1975 um das 4,3-fache. Im gleichen Zeitraum stiegen die Todesfälle durch Leberzirrhose pro 100.000 Einwohner ebenfalls um das 4,3-fache (vgl. Vester 1978). In der Natur gibt es zwar nur wenige tatsächlich lineare Beziehungen, trotzdem wird das lineare Denkmuster in unserer Gesellschaft überwiegend angewendet, sind doch die meisten Menschen gewohnt, linear zu denken. Ganz anders verhält es sich bei nicht-linearen Beziehungen: Bei diesen verändert sich die Wirkung nicht im gleichen Maße wie ihre Ursache. So gibt es überproportionale Beziehungen, positive und negative Rückkoppelungen und *exponentielles Wachstum.*

Das *exponentielle Wachstum* sieht am Anfang ganz harmlos aus, wie es z. B. die Kurve der Bevölkerungsentwicklung zeigt (Abb. 2.5), die Zuwachsraten sind moderat (allerdings immer größer als 1, s. Abb. 2.4), im weiteren Verlauf der Zeit werden die Zuwachsraten jedoch in immer kürzeren Zeitintervallen unaufhörlich größer und übersteigen schließlich unser Vorstellungsvermögen. Ob wir derartige Entwicklungen rechtzeitig erkennen, hängt von dem Zeitfaktor der Verdopplungsrate ab. Nur ein ganzheitlich-ökologisches Denken, das alle Möglichkeiten bis zu Ende mit bedenkt, kann exponentielles Wachstum antizipieren und auch einen möglichen *Kipp-Punkt* mit anschließen drohender Katastrophe gedanklich vorwegnehmen.

Das exponentielle Wachstum soll nun an einigen konkreten Beispielen erläutert werden:

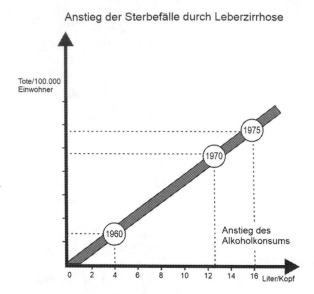

Abb. 2.3 Lineares Wachstum: Der Anstieg der Todesfälle durch Leberzirrhose ist die Folge der gleichen Zuwachsraten beim Alkoholkonsum

Was passiert auf einem See, bei dem sich die Individuenzahlen der Wasserhyazinthe alle drei Tage verdoppeln? Am Tag 1 werden mit Beginn der Zählung 100.000 Pflanzen ermittelt, am Tag 3 sind es dann schon 200.000, und am Tag 6 400.000.

In diesem Beispiel ist nach einem halben Jahr (nach 183 Tagen) der halbe See mit dieser Schwimmblatt-Pflanzenart bedeckt. Wie lange dauert es, bis der gesamte See bedeckt ist? Da wir Menschen mit exponentiellen Entwicklungen – wie erwähnt – nicht vertraut sind, können sich die meisten von uns nicht vorstellen, dass in nur drei weiteren Tagen der gesamte See zugedeckt ist, was für die meisten von uns – auch für Politiker! – unglaublich ist.

Ein weiteres eindrucksvolles Beispiele für *exponentielles Wachstum* ist das Bevölkerungswachstum der Menschheit, und zwar wie sich die Zeitspanne für die Zunahme um jeweils eine Milliarde dramatisch verringert auf nunmehr nur noch elf Jahre (s Tab. 2.1 und. Abb. 2.5).

Wie die Abb. 2.5 eindrucksvoll zeigt, geht die Zunahme der Erdbevölkerung ab 1925 mit 2 Milliarden Menschen in ein exponentielles Wachstum über, das bis

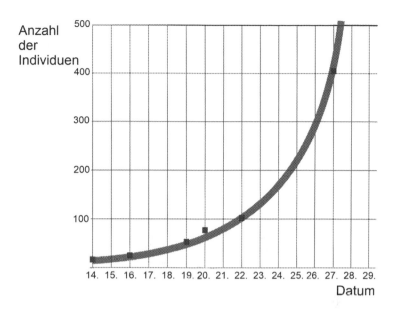

Abb. 2.4 Exponentielles Wachstum am Beispiel der kleinen Wasserlinse *(Lemna minor)*

heute nahezu ungebremst anhält und im November 2022 die Zahl von 8 Milliarden überschritten hat, eine wahrlich bedrohliche Entwicklung für die Biosphäre
unseres Planeten.

Auch die Denksportaufgabe des indischen Erfinders des Schachspiels mit seinen 64 Feldern ist ein eindrucksvolles Beispiel für *exponentielles Wachstum*. Er
machte seine Erfindung seinem König zum Geschenk und erbat sich dafür als
Belohnung für das erste Feld ein Weizenkorn und für jedes weitere Feld die dop-
pelte Kornmenge. Dieser Wunsch ist unerfüllbar, denn auf das 64. Feld kämen 2
hoch 63 Weizenkörner, das sind 9000 Billiarden Körner oder 400 Mrd. Tonnen,
was einer Weltweizenernte von 1000 Jahren entspricht (vgl. Abb. 2.6).

Über die tatsächlichen Eigenschaften des exponentiellen Wachstums besteht in
der Öffentlichkeit eine weitgehende Unkenntnis. Zudem unterschätzen wir Menschen die Verläufe exponentiellen Wachstums, da wir es im „normalen" Leben
nur gewohnt sind, linear oder auch statisch zu denken und dabei den Zeitfaktor
und die Zuwachsrate ungenügend berücksichtigen. Hinzu kommt, dass in bloß
sektoralen Betrachtungsweisen häufig Neben- und Wechselwirkungen, positive
und negative Rückkoppelungen und Stoffkreisläufe unerfasst bleiben.

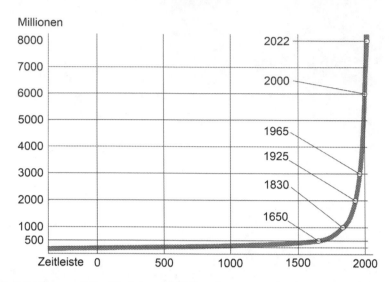

Abb. 2.5 Exponentielles Wachstum der Erdbevölkerung vom Beginn unserer Zeitrechnung bis zum Jahr 2000. (verändert nach Osche 1976)

Tab. 2.1 Die Bevölkerungsentwicklung der Menschheit seit 1650 als Beispiel für *exponentielles Wachstum*

Im Jahr…	Menschheit in Milliarden	Zunahme um eine Milliarde in Jahren	Verdopplungszeit In Jahren
1650	0,5		
1830	1	Verdoppelung nach 180 Jahren	180
1925	2	95	95
1965	3	40	
1974	4	9	49
1987	5	13	
2000	6	13	
2011	7	11	
2022	8	11	48

Abb. 2.6 Als Belohnung für die Erfindung des Schachspiels wurde vereinbart: Von Feld zu Feld des Schachbrettes verdoppelt sich die Anzahl der als Geschenk vereinbarten Weizenkörner. Schon im 10. der insgesamt 64 Felder – wie in dieser Abbildung – hat die Kurve schon längst einen exponentiellen Verlauf eingenommen (vgl. Vester 1978, S. 63)

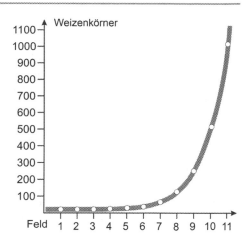

2.9   Erneuerbare Energieträger im Zusammenhang mit CO$_2$-Neutralität und CO$_2$-Freiheit

Wind ist eine begrenzte Ressource, die nur innerhalb eines bestimmten Zeitabschnittes – abhängig von bestimmten Konstellationen zwischen Hochdruck- und Tiefdrucksystem – und in bestimmten geografischen Räumen vorkommt. Je mehr industrielle Windturbinen (IWT) installiert werden und je größer deren Kapazitäten sind, desto geringer ist die durchschnittliche Ausbeute, weil die abgeschöpfte und verbrauchte physikalische Energie endlich ist. Wind gibt es also nicht „umsonst" und ist nicht unerschöpflich, wie überall zu lesen ist. Die verbrauchte Windenergie steht auch nicht mehr für die kontinuierliche Weiterwanderung von Tiefdruckgebieten mit ihren Regenwolken zur Verfügung. Windenergienutzung ist damit nicht nachhaltig. Durch diese und weitere physikalischen Effekte beeinflussen IWT das Wetter und längerfristig wohl auch das Klima mit der Folge, dass die betroffene Regionen trockener und wärmer werden (vgl. Kap. 3.2). Negative Folgen für Flora und Fauna und weitere negative ökologische Abläufe werden sich einstellen. Den Energieträger „Wind" als *erneuerbar* und damit unbegrenzt zu bezeichnen ist eine gewollte und bewusst falsche Formulierung, in der Absicht zu suggerieren, dass Wind unerschöpflich und immer vorhanden ist. Der Terminus „erneuerbare Energieträger" ist ein Euphemismus, also eine bewusste Beschönigung und Verbrämung und damit eine zutiefst exklusive und unökologische Sichtweise. Energie lässt sich nicht erneuern, sondern nur umwandeln, und zwar in Wärme.

Ein genauso unbestimmter und verschwommener Ausdruck ist „CO_2-neutral" bzw. „klima-neutral", der in der aktuellen Berichterstattung andauernd auftaucht. Das Siegel *CO_2-Neutralität* wurde mit der Verkündung der Energiewende (dem Verzicht auf fossile Energieträger) eingeführt. Es suggeriert, dass bestimmte Handlungen/Produktionsprozesse/Produkte ohne CO_2-Emissionen zustande kamen, denn das Wort „neutral" bedeutet umgangssprachlich, „es entsteht nichts", also wird auch kein CO_2 freigesetzt. So wird dieser Begriff – häufig bewusst – falsch verwendet, z. B.

- wenn eine Tätigkeit, wie z. B. Heizen mit Holz oder das Produzieren eines E-Autos die emittierte CO_2-Menge in die Atmosphäre zwar erhöht, doch die verursachten Emissionen durch den Kauf von Zertifikaten kompensiert werden (hierfür wird auch der Begriff *„Offsetting"* = Abrechnung) verwendet;
- wenn die Bundesregierung in ihrem Konzeptpapier zur Reform des Gebäude-Energie-Gesetzes im Juli 2022 behauptet, der mit den „erneuerbaren Energiequellen" hergestellte Strom sei „klima-neutral", was jedoch nicht stimmt, denn bei der Herstellung und Entsorgung dieser Windkraft- und Photovoltaik-Anlagen werden große Mengen CO_2 freigesetzt.

Deutsche Energieversorgungsunternehmen emittieren zwar weniger CO_2, wenn sie Kohlestrom durch Windkraftstrom ersetzen. Der Effekt auf das globale Klima ist jedoch marginal. Der bisherige Anteil Deutschlands am globalen CO_2-Ausstoß von 2 % wird durch diese Maßnahmen um 3–6 % reduziert, was global kaum messbar ist. Die Energieversorger verkaufen dann die „eingesparten CO_2- Emissionen" in Form von Zertifikaten an der Börse. Diese werden von Unternehmen, die mehr CO_2 emittieren wollen als sie dürfen, z. B. Kohlekraftwerkbetreiber in Polen, gekauft. Die in Deutschland eingesparten Emissionen, die als Zertifikate verkauft werden, führen zu zusätzlichen Emissionen in anderen Staaten. Die Gesamtmenge des emittierten CO_2 bleibt gleich.

Dieses Siegel ist damit eine Mogelpackung und zudem eine Verbrauchertäuschung, denn es wird ja trotzdem CO_2 emittiert, die CO_2-Freiheit wird verschleiert nur vorgetäuscht, denn sie ist bei fast allen Handlungen und Produktionsabläufen gar nicht erreichbar. Solche Zertifikate werden herausgegeben von Unternehmen, die vorgeblich $C0_2$ einsparen, also z. B. von Tesla, dem US-amerikanischen Hersteller von E-Autos. Diese werden allerdings nicht CO_2-neutral hergestellt, wie Ökobilanz-Analysen klar belegen.

Da fragt sich der mündige Bürger: Was soll dieses Siegel bewirken? Ist es aus ideologischen Gründen erfunden worden?

Dieser Ablasshandel hilft weder der Biosphäre noch dem Klima und ist Ausdruck einer zutiefst unökologischen und exklusiven Denkweise.

Es gibt noch ein weiteres Siegel, dessen Unterschied zur CO_2-Neutralität dem Verbraucher sowie auch den meisten Unternehmen gar nicht bekannt ist: Das Siegel „CO_2-frei". Es bezeichnet Handlungen oder Produkte, bei deren Praktizierung oder Herstellung angeblich gar keine CO_2-Emissionen entstehen. Wer mit den CO_2-freien Siegel wirbt, will damit auch dokumentieren, dass keine CO_2-Emissionen kompensiert wurden und dass die verwendete Energie ausschließlich aus „erneuerbaren Energien" stammt. Das allerdings für die Erzielung derartiger Energien Windkraft- und Photovoltaik-Anlagen hergestellt werden, die Ressourcen in unvorstellbaren Größenordnungen verbrauchen, Ökosysteme auf Dauer ebenso schädigen wie die Flora und Fauna insgesamt, bleibt in diesem Zusammenhang unerwähnt.

2.10 Klima und Wetter

Da das Klima für die Biosphäre und seine vielfältigen Ökosysteme eine bedeutende Rolle einnimmt, indem es maßgeblich für das Vorkommen, die Entwicklung und das Wachstum der Pflanzen und Tiere sowie auch der Menschen verantwortlich ist, soll dieser Begriff auch im vorliegenden Zusammenhang behandelt und vom Begriff „Wetter" abgegrenzt werden.

Das Wetter beschreibt den momentanen physikalischen Zustand der Atmosphäre an einem bestimmten Ort zu einem bestimmten Zeitpunkt. Wetter ändert sich also permanent, auch durch den täglichen Tag-Nacht-Rhythmus. Seine wichtigsten kennzeichnenden Parameter sind Temperatur (Sonnenenergie), Feuchtigkeit, Druck, Bewölkung und Wind.

Der Begriff Klima beschreibt dagegen keinen aktuellen, sondern einen 30-Jährigen, zurückliegenden Zeitraum in einer bestimmten Region als rechnerischen (statistischen) Zustand der Atmosphäre. Deshalb sind Begriffe wie „Klimaschutz" oder „Klimakatastrophe" unlogisch und semantisch ohne Aussage, oft auch gewollt so formuliert.

Wie kann denn Klima geschützt werden, wenn es einen Zustand der Vergangenheit beschreibt und eine gültige Prognose der Klimaentwicklung auch mit den leistungsfähigsten Computern im Anbetracht der komplexen, physikalischen bekannten und der nicht bekannten Parameter gar nicht geleistet werden kann? Darüber hinaus steht fest: Auf unserem Planeten gibt es nicht **das** Klima, vielmehr müssen je nach Einstrahlung der Sonne und der Achsneigung der Erde zur Sonne (dem jeweiligen Breitengrad) verschiedene Klimazonen unterschieden werden, wie die polare, die subpolare, die gemäßigte, die subtropische und die tropische Klimazone. Um Aussagen zum Klima zu machen, wird das Wettergeschehen über einen Zeitraum von 30 Jahren gemittelt. Das Klima beschreibt auf diese Weise den Durchschnitt der Wetterereignisse der letzten 30 Jahre. Bis einschließlich 2020 galten die Jahre 1961 bis 1990 (Referenzperiode) als der allgemeingültige Vergleichsmaßstab, mit Beginn des Jahres 2021 gelten die Jahre 1991 bis 2020 als neue Referenzperiode für das „Klima".

Der Meteorologe von Hann definierte Klima einst als „die Gesamtheit aller meteorologischen Erscheinungen, die den mittleren Zustand der Atmosphäre an irgendeiner Stelle der Erdoberfläche charakterisieren" (von Hann 1883). Er begründete damit die „Mittelwertsklimatologie". über einen 30-Jährigen vergangenen Zeitraum, die den langjährigen Wetter-Trend wiederspiegelt.

Die physikalischen Faktoren, die das Klima in bestimmten Zonen unseres Planeten beeinflussen sind vielfältig, äußerst komplex und noch nicht bis in alle Einzelheiten geklärt, z. B. die Strahlung der Sonne, die wechselnden Aktivitäten der Sonnenflecken, kosmische „Winde", die Neigung (Verschiebung) der Erdachse zur Sonne, die Meeresströmungen, die verschiedenen Gase unserer Atmosphäre, die Luftfeuchtigkeit, die verschiedenen Albedo-Effekte (unterschiedliches Rückstrahlungsvermögen der Sonneneinstrahlung, z. B. von Wasser, frischem Schnee, Wald, Acker, Solar-Panelen), vulkanische Aktivitäten. Diese und weitere Faktoren haben in unterschiedlicher Intensität Einfluss auf das Klima. *Das* stabile, fixe, immerwährende Klima gibt es nicht und gab es auch noch nie.

Wie in diesem Kapitel erläutert wurde, ist wird das Klima als der Mittelwert des Wettergeschehens über einen Zeitraum von dreißig Jahren definiert. Wovor soll dieser Mittelwert geschützt werden? Vor Veränderungen des Wetters, das sich ständig ändert? Es hat noch niemand versucht, das Wetter zu schützen (bestenfalls kann man sich vor dem Wetter schützen, z. B. mit einem Sonnenschirm oder einem Wintermantel).

Abschließend soll hier jedoch betont werden, dass die vorliegenden globalen Wetterdaten darauf hindeuten, dass wir uns aktuell in einer Phase der Erderwärmung befinden und das ökologisch-ganzheitlich basierte Bestrebungen, diese zu verlangsamen oder gar aufzuhalten, sinnvoll sind.

Beschreibung der aktuellen Problemlage exklusiven Denkens an ausgewählten Beispielen

Das gegenwärtige Paradigma des Denkens wird aus der abendländischen Tradition heraus durch eine exklusive Sichtweise bestimmt, die alle wichtigen Wissenschaftsdisziplinen dominierte und auch heute noch weit verbreitet ist, ob in der Medizin (dort z. B. die oft noch immer getrennte Betrachtung von Körper und Seele), in der Psychologie, der Wirtschaft, in den Geistes- und Naturwissenschaften und auch in der Politik. Das heute weit verbreitete exklusive Denken ist das Ergebnis einer über einen langen Zeitabschnitt geschaffenen technischen Umwelt. So entspricht diese Denkweise nicht der tatsächlichen – natürlichen – Wirklichkeit, denn die natürliche Umwelt, z. B. ein Wald, besteht aus einer Vielzahl interdependenter Elemente, die alle mit einander verzahnt sind (vgl. Abschn. 2.3).

Exklusives Denken beschreibt ein Denken in voneinander getrennten – disjunkten – Bereichen, wobei nicht daran gedacht wird, diese zusammenzuführen. Diese Denkweise ist eindimensional, wodurch wichtige Wechselwirkungen nicht erkannt bzw. häufig auch (bewusst) ausgeklammert werden. Hinzu kommt, dass benachbarte und äußere Parameter von Problemstellungen missachtet werden, die eigentlich mit dem betrachteten Bereich in Verbindung stehen (vgl. Vester 1984; Lonsert 1992). Exklusives Denken bedient sich darüber hinaus kategorialer, kausal-analytischer und sektoraler Denkmuster und Betrachtungsweisen. Bei der Aufarbeitung von Problemen werden Ursachen und Wirkungen überwiegend linear und damit einfach nicht zu Ende gedacht. Aus purer Bequemlichkeit wird oft ein Entweder-Oder-Denken anstatt eines Sowohl-Als-Auch-Denken praktiziert. So besteht die Gefahr, dass lediglich Scheinlösungen angedacht werden, die dem ursprünglichen Anliegen zuwiderlaufen. Ist es vielleicht sogar denkbar, dass aus einer bestimmten politischen Agenda heraus bewusst exklusiv gedacht wird, um Bestehendeslahmzulegen oder sogar zu verbieten, um danach das in weiter Ferne Liegende einschließlich der (bewusst) nicht klar erkennbaren Zielefast zwangsläufig attraktiver erscheinen zu lassen?

L. Staeck, *Was bedeutet ökologisches Denken wirklich?*, essentials,
https://doi.org/10.1007/978-3-662-66761-3_3

WICHTIG
Beim exklusiven Denken werden wir verleitet...

- vom gegenwärtigen Zustand einer Problemsituation auszugehen oder von Erfahrungen, die wir in der Vergangenheit gemacht haben (s. hierzu die Erläuterung zum nächsten Punkt);
- die Problemlage so zu vereinfachen, dass die Dynamik der einzelnen beteiligten Elemente auf der Strecke bleibt; so wird z. B. bei der Planung eines „Windparks" mit mehreren neuen riesigen Industrieanlagen von mehr als 220 m Höhe der Fehler gemacht, von früheren kleinen Versuchsanlagen als Maßstab auszugehen, ohne ökologisch-ganzheitlich die Auswirkungen dieser riesigen Industrieanlagen auf das umgehende Ökosystem oder auf die in der Nähe wohnenden Menschen zu berücksichtigen;
- die Wirkung von Schwellenwerten, positiven oder negativen Rückkoppelungen, Umkipp-Effekten und exponentiellen Verläufen zu unterschätzen, denn diese außergewöhnlichen Ereignisse verhalten sich „gegen-intuitiv" (s. hierzu Abschn. 2.8)
- die Problemsituation weder als solche zu erkennen noch zu begreifen, dass eine Problemsituation zumeist aus einem Netzwerk interdependenten Faktoren besteht (z. B. bei der Errichtung von Windkraftanlagen).

Die Tab. 3.1 fasst die wichtigsten Merkmale des exklusiven Denkens zusammen.

3.1   Wie Medien und die Werbung vorgehen – Greenwashing

Ein wichtiges Ziel dieses Essential-Bandes besteht darin, die Leser zu sensibilisieren, exklusive und unökologische Denkweisen zu erkennen. Nachfolgend werden einige Zitate wiedergegeben, die diese Sichtweisen deutlich werden lassen:

- „Die Broschüre wurde klimaneutral gedruckt. Die durch die Produktion entstandenen CO_2-Emissionen werden über Klimaschutzprojekte kompensiert. Der Versand an unsere Kunden erfolgt mit „GoGreen", der klimaneutrale Versand mit der Deutschen Post" (Quelle: Konzertdirektion Hans Adler GmbH

Tab. 3.1 Kennzeichen des exklusiven Denkens

Exklusives Denken ist …
Sektoral
Statisch, streng gradlinig, linear
Kausal-analytisch
Kategorial
Eindimensional
Nicht zu Ende gedacht
Lückenhaft
Zielfixiert, mangelndes Suchen nach Neuem
Ausblenden von Problemen
Erfahrungen bleiben unberücksichtigt
Entweder-Oder-Denken
Bequem

Co.KG, Berlin 2022). – Hier handelt es sich um Täuschung und Irreführung der Verbraucher. Es werden keine Angaben über „Klimaschutzprojekte" gemacht. Wie soll der klimaneutrale Versand aussehen? Per Fahrrad? Auch wenn die Post E-Autos einsetzt, so fielen doch bei seiner Produktion erhebliche CO_2-Emissionen an, und der aufgenommene Strom ist ein Strom-Mix, bei dessen Herstellung auch CO_2-emittierende fossile Brennstoffe verwendet wurden.

- Google schreibt in seinen Werbekampagnen (s. WamS, 26.06.22, S. 5), dass das Unternehmen seit 2007 CO_2-neutral arbeitet, „unter anderem durch den Ankauf von Kompensationszertifikaten. Bis 2030 soll der gesamte globale Betrieb von Googles Rechenzentren und Büros rund um die Uhr CO_2-frei laufen". Der Kauf von Zertifikaten gleicht jedoch einem Ablasshandel: Man zahlt Geld und ist (auf dem Papier) ab sofort „klimaneutral", was allerdings auf das Klima keinen positiven Einfluss hat.
- „Geben sie ihrem Geld eine ökologische Richtung." (Werbung für einen Geldmarkt-Fonds im ARD-TV vor der Tagesschau, z. B. am 25.06.22: Dieser Satz ergibt überhaupt keinen Sinn, gemeint ist wohl, dass wir Fonds kaufen sollen, die Aktien z. B. von Windkraft- oder Photovoltaik-Unternehmen in ihrem Portfolio haben. Die Produktion und der Betrieb von Windkraft- und Photovoltaik-Anlagen ist weder Ressourcen schonend noch biodiversitätserhaltend noch nachhaltig (s. hierzu Abschn. 3.2).

- Die Forderung nach „Null-CO_2-Emission" oder die Behauptung, bei einer bestimmten Leistung (etwa mit der Deutschen Bahn von Berlin nach Hamburg zu fahren) oder bei einer Herstellung eines bestimmten Produktes (z. B. den Bau eines Hauses in der Hafen-City von Hamburg „CO_2-neutral" zu sein während dessen gesamten „Lebenszyklus") ist pures exklusives Denken und eine Vorspiegelung falscher Tatsachen: „Die Hafen-City in Hamburg ist ein zukunftstaugliches Stadtviertel. Ökologisch gekrönt wird es nun durch das Null-Emissionshaus, das völlig CO_2-neutral ist." (Quelle: Werbeseite der Hafen-City Hamburg GmbH im Internet; 9.7.22).

- Das von der Bundesregierung vorgelegte Wind-an-Land-Gesetz (2022) offenbart monokausales Denken und greift die unökologischen, nicht zu Ende gedachten Forderungen der Vertreter der Windindustrie auf, indem es vorsieht, den Schutz bedrohter Tierarten dem Windkraft-Ausbau unterzuordnen. Damit wird der Schutz bedrohter Arten aufgeweicht. In diesem Zusammenhang ist geplant, dass der Naturschutz stärker auf den „Populationsschutz" ausgerichtet wird, wodurch nicht mehr einzelne Individuen geschützt werden, z. B. Seeadler, deren Tötung durch Windkraftrotoren offensichtlich bewusst in Kauf genommen wird Abgesehen von (verantwortungs-) ethischen Vorgaben steht dieses Gesetz auchim Widerspruch zum EU-Recht, für das der Schutz jedes einzelnen bedrohten Tieres Vorrang hat. Der gesetzlich vorgeschriebene Schutz der Biodiversität und der Artenschutz werden durch dieses Gesetz mit Füßen getreten.

- Der NABU-Vorsitzender in Hessen Eppler sagt aus: „Ausnahmen vom Tötungsverbot gelten für den Fall, dass durch den Klimawandel ein übergeordnetes Interesse an Erneuerbarer Energie besteht und dass es für den Erhalt der betroffenen Art Ausgleichsmaßnahmen gebe." – Dem Arten- und Naturschutz gebührt jedoch höchste Priorität, jegliche „Ausgleichsmaßnahmen" verkennen, dass in einem Ökosystem alles mit allem zusammenhängt, der Verlust eines Gliedes in Nahrungsnetzten und -ketten kann gravierende Auswirkungen auf das Gesamtgefüge haben.

- Bei der Produktion der Tesla-Elektroautos des Milliardärs Elon Musk werden angeblich 3,7 Mio. t CO_2 eingespart (was nicht stimmt, wie die Ökobilanz für E-Autos bei Herstellung/Betrieb/Entsorgung ausweist). Die für diese „Einsparung" in Form von „CO_2-Zertifikaten" ausgezahlten 1,58 Mia. USD in 2020 wurden an die konkurrierenden Hersteller von Verbrennerfahrzeuge verkauft, die damit ihre CO_2-emittierenden Fahrzeuge auf den Markt bringen können.

3.2 Die Errichtung von Windkraftanlagen ist nicht zu Ende gedacht und führt in eine ökologische Sackgasse

Wenn Technologien gefördert werden, die einerseits zur Verminderung der CO_2-Emissionen beitragen sollen, aber andererseits die Umwelt schädigen, haben wir ein Problem: Industrielle Windturbinen (IWT) töten Vögel und Fledermäuse, verkleinern ihre Lebensräume, töten Myriaden von Insekten (vgl.Trieb 2018), verursachen potenziell gesundheitsschädlichen Schall und Infraschall (vgl. Thess und Lengsfeld 2022). Inzwischen ist zudem bekannt, dass alle Lebewesen eine innere (Organ-) Ebene für die Aufnahme von Druck und Vibrationen (Lärm) haben (vgl. Bellut-Staeck 2023). Auch dadurch sind negative körperliche Folgen bei Mensch und Tier zu erwarten. IWT mindern das Lebensgefühl der in ihrer Nähe wohnenden Menschen auf schwerwiegende Weise, für ihren Bau werden viele Wälder gerodet, Zufahrten planiert. Dabei sind es doch die Wälder, die im hohen Maße zu einer Stabilisierung des Klimas beitragen.Die intensive Beschäftigung mit den IWT hat zu Denkfiguren geführt, bei denen es nur um die Produktion von Strom geht, alles andere im näheren Umfeld jedoch ausgeklammert wird (vgl. Tab. 3.2). Das ist ein typisches Beispiel für exklusives Denken, bei dem eine Fülle von Problemen dieser technischen Anlagen unberücksichtigt bleiben: So kommt es z. B. bei der Verwendung von Schwefelhexafluorid (SF 6) als Isoliergas bei Onshore-IWT und bei den vielen Umspannwerken ständig zu einem bestimmungswidrigen Entweichen dieses Gases durch Leckagen in einem Umfang, den die beteiligten Industrieunternehmen verschleiern und verharmlosen, obwohl es sich in der Atmosphäre immer mehr anreichert (vgl. Asendorpf 2021; ARD 2022). Dabei hat dieses Gas eine Klimawirksamkeit von mehr als 3.000 Jahren, und es ist mehr als 23.000 mal wirksamer als CO_2. Obwohl die EU-Kommission von der Problematik dieses Treibhausgases weiß, darf es weiter verwendet werden, vorerst bis 2030.

Eine weitere besonders schlimme Folge der Errichtung der IWT ist das Umkommen von Greifvögeln in den rotierenden Flügeln – insbesondere Bussard, Rotmilan, Schreiadler, Seeadler – sowie von Fledermäusen und Insekten (vgl. Aralimarad et al. 2011) und Weidel (2008), wodurch das ökologische Gleichgewicht nachhaltig gestört wird. Pro WKA ergeben sich zehn tote Fledermäuse/J, vor allem sind der Große Abendsegler, die Zwergfledermaus, die Rauhautfledermaus und die Breitfledermaus betroffen; bei etwa 30.000 IWT in Deutschland summieren sich diese Todeszahlen auf über 200.000/J, wie das Leibniz-Institut für Zoo- und Wildtierforschung in Berlin in einer Pressemitteilung im Juni 2022 mitteilte (vgl. Voigt 2022). Der Verlust in einer solchen Größenordnung ist für die

Gesamtpopulation der Fledermäuse kaum abzufangen, da die betroffenen Arten geringe Reproduktionsraten aufweisen. Das Nahrungsspektrum der Fledermäuse umfasst etwa 46 Insektenarten, die meisten davon sind Käfer- und Nachtfalterarten aus unterschiedlichsten Habitaten, wie Ackerflächen, Grünland, Wälder und Feuchtgebiete. Das bedeutet, durch das Töten der Fledermäuse werden bestehende Nahrungsketten unterbrochen, sodass dann die komplexen Nahrungsnetze zusammenbrechen (vgl. Scholz 2022).

Als Folge dieser exklusiven Denkweise werden zunehmend Bauverbote für IWT in Landschaftsschutzgebieten aufgehoben, willkürlich wichtige Vogelarten aus den bestehenden Schutzverordnungen herausgenommen und der Schutz des einzelnen Vogels zugunsten des Populationsschutzes aufgehoben. Dadurch wird die bisherige europäische Biodiversitätsstrategie ausgehebelt und die Tötung z. B. der Rotmilane durch IWT als „bedauerliche" Einzelfälle abgetan. Eine Anerkennung des „Neuen Helgoländer Papiers" zum Vogelschutz durch die Bundesländer ist deshalb dringend notwendig (Nabu 2015). Doch tatsächlich hat dies allein bei diesem Beispiel unabsehbare Folgen für alle anderen nachfolgenden Glieder der Nahrungskette sowie auf das dazu gehörende Nahrungsnetz (Eichhörnchen, Baummarder, Maus, Eichelhäher, Buntspecht, Baumläufer, Meise, Rotkehlchen, Fichtenborkenkäfer, Buchdrucker, Eichenwicklerraupen, Tagfalter, Nonnenfalter, Blätter/Blüten/Früchte unterschiedlicher Bäume, Sträucher, krautigen Pflanzen in dem betreffenden Ökosystem). Der bis dahin ausbalancierteZustand wird dauerhaft so gravierend gestört, dass die Auswirkungen auf die beteiligten Mitglieder der Nahrungskette bzw. des Nahrungsnetzes gar nicht abgeschätzt werden können.

Hinzu kommt noch, dass zunehmend IWT in Wäldern errichtet werden. Die dafür erforderliche Abholzung von Waldflächen, die eigentlich auch zur Temperatur- und Feuchtigkeitsregulation dienen, und die die umliegende Ökosystem mit Wasser und Sauerstoff versorgen und darüber hinaus CO_2 speichern, trägt zu einer weiteren Landversiegelung in Deutschland bei.

Der von der Bundesregierung eingesetzte Sachverständigenrat für Umweltfragen (SRU) gibt nunmehr vor: „Wälder bilden keine eigene Schutzkategorie und haben keinen grundsätzlichen Gebietsschutzstatus nach dem Naturschutzrecht". Entsprechend einfach lassen sich künftig IWT in diesen Ökosystemen errichten. Die Umwandlung natürlicher Ökosysteme in menschgemachte „Lebensräume" begünstigt übrigens auch die Ausbreitung von Krankheiten. Durch die Vernichtung von immer mehr Ökosystemen, wird ein Überspringen von Zoonosen auf den Menschen immer häufiger registriert.

So trägt die technologiebasierte Klimaschutzstrategie mit ihrem riesigen Raumbedarf für die IWT, für ihre Übertragungsnetze und Speicherkapazitäten und der damit einhergehenden Ausweitung der Infrastruktur dazu bei, dass immer mehr Natur zerstört wird, was von den Befürwortern und finanziellen Nutznießern der IWT verharmlost wird. Sie verweisen darauf, dass auch Biotope, Landschaften mit ihren Pflanzen und Tieren nur überleben können, wenn der drohende Temperaturanstieg verhindert wird. Einen solchen kann jedoch Deutschland mit seinen wenigen Verbündeten in der Klimapolitik leider nicht verhindern, dafür sind seine Maßnahmen im globalen Maßstab zu gering, denn unsere Welt kennt nur ein Klima.

Konkrete Vorteile der IWT (ihren Beitrag zur CO_2-Minderung) dürfen nicht exklusiv und separat betrachtet werden, sondern sind mit ihren konkreten Nachteilen zu bilanzieren!

Windräder sind für die sie umgebenden Ökosysteme wie z. B. Wälder oder Wiesen weder ökologisch von Nutzen noch von ihrem immensen Ressourcenverbrauch her nachhaltig. Von ihrer Fertigung über ihren Betrieb bis zur völlig ungeklärten Entsorgung der gesamten Anlage entsteht ein unglaublicher ökologischer Folgeschaden, d. h., ihre Ökobilanz ist verheerend. Für eine einzige *Enercon E-126 – Anlage* mit einem Rotordurchmesser von 127 m, einer Nabenhöhe von 135 m und einem Leistungsvolumen von 7,6 MW weist die Ökobilanz u. a. folgende Daten auf:

- Verbrauch von 6000 t Beton, 650 t Stahl, mehr als 5 t Kupfer, 20 t Aluminium, mehr als 2 t seltene Erden;
- 210 t Verbundwerkstoff, das sind mit Carbon-Fasern verstärkte Kunststoffe (CFK), die bisher nicht im Industriemaßstab recycelbar sind;
- Jede Windkraftanlage benötigt pro Jahr zwischen 200 und 800 L raffiniertes Öl als Schmiermittel. Bei aktuell etwa 30.000 Anlagen ergibt sich pro Jahr ein Bedarf von 6 bis 24 Mio. Liter Öl;
- Jede Windkraftanlage bewirkt pro Jahr einen Abrieb von etwa 180 kg Mikroplastikpartikeln aus den Schutzversiegelungen der Anlagen und aus den Klinkenblättern der Rotoren, wodurch eine großflächige Bisphenol-a-Kontaminierung der Umwelt stattfindet. Dieser chemische Stoff gilt als hormoneller Schadstoff und ist krebserregend;
- Flächenverbrauch für das Fundament und für Zufahrtswege einer Anlage: 2000 m^2;
- Die Stahlbetonfundamente zerstören unterirdische Wasserläufe, verdichten den Boden, sodass in unvorstellbaren Mengen Bodenorganismen getötet werden;

- Nach einer Laufzeit von 20–25 Jahren ist die Entsorgung/das Recyceln z. B. der Rotorflügel mit je 20–30.000 t Verbundwerkstoffen (GFK) bis heute ungeklärt und nicht geregelt, gleiches gilt für die vollständige Entfernung der Fundamente und die nachhaltige Entsorgung der übrigen Baumaterialien.

Aber die Ökobilanz wird noch schlimmer: Zusätzlich kommt es durch die sich drehenden Rotorblätter zu einer Umverteilung der Luft auch in den Abend- und Nachtstunden. Die warmen Luftschichten werden in die Bodennähe geleitet, was eine deutliche Temperaturerhöhung am Boden zur Folge hat (vgl. Kramm et al. 2019; Miller 2020). So kommt es zu dauerhaften schwerwiegenden Störungen des lokalen und regionalen Klimas hinsichtlich Temperaturverteilung sowie Wolken- und Niederschlagsbildung (vgl. Thess und Lengsfeld 2022, S. 7ff). Seit Jahren haben die Niederschläge im Osten Deutschlands stark abgenommen, der Luftdruck hingegen ist kontinuierlich gestiegen. Zudem verändern sich damit auch die Meeresströmungen in Nord- und Ostsee. Dies hat die Autorin Jestrzemski (2021) in ihrem Beitrag „Standortgebundener abgeschöpfter Wind fehlt dauerhaft" unter Bezug auf chinesische Quellen (Qun Tian et al. 2019) und US-amerikanische Quellen (Miller und Keith 2018) ausführlich beschrieben. Wind ist entgegen landläufiger Meinung eben nicht erneuerbar und damit nicht umsonst! Dieses Beispiel zeigt drastisch, dass auch in der Atmosphäre alles mit allem zusammenhängt. Dies wird jedoch von Vertretern der Windindustrie heftig bestritten. Man sollte meinen, jede Organisation, die ökologisch argumentiert, sollte sich sofort für eine Verifizierung bzw. Falsifizierung dieser Frage einsetzen. Das passiert jedoch nicht. Die beschriebenen Beobachtungen wurden auch von den zuständigen Bundesministerien für Klimaschutz und Umwelt bisher ignoriert, anstatt mit geeigneten Untersuchungsmethoden zu überprüfen, ob und gegebenenfalls welche Auswirkungen IWT auf das Wetter und das Klima haben. Auch hier offenbart sich ein exklusives Denken, das nicht wahrhaben will, was die physikalische Realität ist.

Neben dem geplanten weiteren Bau von IWT an Land sollen bis 2030 2.000–3.000 zusätzliche Offshore-IWT – gestaffelt in Gruppen von Hunderten – errichtet werden sowie für diese Dutzende weiterer Offshore-Umspannungsplattformen. Ist dieser massive Ausbau von IWT an Land und auf See überhaupt ökologisch und nachhaltig verantwortlich geplant und ganzheitlich zu Ende durchdacht? Hier drängt sich der Verdacht auf, dass die deutlich erkennbaren ökologiefeindlichen Planungen in ihrer ganzen Dimension und Tragweite in Kauf genommen werden, um eine bestimmte politische Agenda durchzusetzen. Wie will man sonst erklären, dass über 40 Millionen Kraftfahrzeuge in Deutschland niemals elektrifiziert werden können und auch alle vorhandenen Heizungsanlagen niema ls durch elektrische Wärmepumpen ersetzt werden können, da ohne vorhandene Speicher der

Strom dafür nicht vorhanden ist. Nota bene: einmal zersörte Ökosysteme simd für immer zerstört!

Nun aber zurück zu dem massiv geplanten Ausbau der Windkraft- Anlagen auf See: Seevögel neigen dazu, wie der Leiter der Abteilung „Meeresschutz" beim NABU Kim Detloff schreibt (Wetzel 2022), Windparks auf See weiträumig zu umfliegen. Der Lebensraumverlust um eine Anlage herum beträgt dem zitierten Autor zufolge 5,5 km, bei besonders sensiblen Arten beträgt der Meidungsradius sogar 10 km. Bei dem geplanten Windkraftausbau wären für diese streng geschützten Vogelarten mehr als 50 % der Fläche der Nordsee als Lebensraum verloren. Wie die Fischbestände auf diese Industrieanlagen reagieren, ist übrigens noch gar nicht untersucht worden. Auch für die besonders geschützten Schweinswale besteht schon jetzt Lebensgefahr, leiden sie doch schon jetzt gravierend unter dem emittierten Schall bei der Errichtung der IWT, dem emittierten Infraschall und den elektromagnetischen Feldern der Stromkabel (Tab. 3.2).

Zusammenfassend entstehen von der Fertigung über den Betrieb bis zur Entsorgung der Anlagen exorbitant hohe ökologische Folgekosten. Der riesige Verbrauch an Metallen und Mineralien bedeutet ein Verstoß gegen das Nachhaltigkeitsprinzip. Die aufgezeigten Auswirkungen auf Vögel, Insekten, Fledermäuse, Schweinswale und andere Tiergruppen verstößt gegen die Biodiversitätskonvention. Die Folgen für das regionale Klima (Verlust an Taubildung, Temperaturerhöhung, ausbleibende Niederschläge) sind schwerwiegend.

Alle diese negativen Auswirkungen auf die Ökosysteme an Land und in den Meeren können vermieden werden, wenn die in Abschn. 2.3 beschriebenen Kriterien zum Funktionieren eines dynamischen Ökosystems sowie zur Nachhaltigkeit, zur Biodiversität und zum Ressourcenverbrauch erfüllt werden. Das setzt voraus, dass der Erhalt dieser Ökosysteme ökologisch-ganzheitlich durchdacht und entsprechend gehandelt wird. Dann würden auch alle sechs Kernfragen der Matrix positiv beantwortet werden.

Tab. 3.2 Matrix für die Beurteilung der Auswirkungen der Windkraftanlagen auf die umgebenden Ökosysteme

1. Werden alle ökologischen Voraussetzungen für die Aufrechterhaltung der Nahrungsketten, Nahrungsnetze und Stoffkreisläufe ausreichend erfüllt?	Nein, die Folgen für Ökosysteme (Wald, Feld, Nord- und Ostsee) sind verheerend. Für das Klima sind bei dem geplanten massiven Ausbau gravierende negative Auswirkungen (Dürre und Temperaturerhöhung an Land, Abnahme der Windgeschwindigkeit auf See) zu erwarten
2. Gibt es längerfristig Auswirkungen auf abiotische Parameter?	Ja, Bodenverdichtung, Beeinträchtigung unterirdischer Wasserläufe, Temperaturzunahme und zunehmende Trockenheit sind im regionalen Umfeld zu erwarten, der abgeschöpfte Wind auf See führt zu abnehmenden Aktivitäten der Tiefdruckgebiete aus Westen
3. Werden die natürlichen Ressourcen geschont?	Nein, der Ressourcenverbrauch an Beton, Stahl, Kupfer, Aluminium, seltene Erden (Kobalt, Lithium) ist gigantisch
4. Werden die Nachhaltigkeitskriterien eingehalten?	Nein, die Verluste vor allem an Greifvögeln, Fledermäusen, Insekten sind besorgniserregend. Auswirkungen auf Zug- und Brutvögel, auf Schweinswale und Fische führen zur dauerhaften Schädigung der betroffenen Ökosysteme
5.Bleibt die natürliche Biodiversität erhalten?	Nein, es ist ein Verstoß gegen die Biodiversitätskonvention zu konstatieren
6. Ist die Ökobilanz positiv?	Nein, sie ist für viele Tierarten, auch für uns Menschen miserabel. Die Emissionen von CO_2 vor allem bei der Herstellung und bei der Entsorgung der Anlagen sind nicht „klimaneutral". Die negativen Auswirkungen auf die Ökosysteme wiegen schwer
Zusammenfassung: Zu welchem Ergebnis kommt die Umweltfolgenabschätzung?	Die Auswirkungen auf die Umwelt und die Atmosphäre werden als gravierend eingeschätzt. Das konstatierte zukünftig absehbare Artensterben ist nicht umkehrbar!

Was ökologisches Denken wirklich bedeutet

4

Ökologisches Denken ist auf die Erhaltung eines stabilen Wirkungsgefüges zwischen Mensch und Natur ausgerichtet und berücksichtigt deshalb grundsätzlich die ökologischen Gesetzmäßigkeiten; nur dadurch wird es der Wirklichkeit auf diesem Planenten gerecht. Denn diese Wirklichkeit umfasst unsere gesamte Umwelt als ein untereinander agierendes Netzwerk von Ökosystemen, in dem es nicht nur auf einzelne isoliert betrachtete Faktoren ankommt, sondern auch auf ihre Vernetzung mit den umgebenden biotischen und abiotischen Elementen und den sich daraus ergebenden Folgen. Diese Denkweise fühlt sich dem Grundsatz verpflichtet: „Alles hängt mit allem zusammen". Ein solches Denken ist mehrdimensional und lässt sich mit den Stichworten „dynamisch", „inklusiv", „integrativ", „vernetzt" und damit „ganzheitlich" charakterisieren. Deshalb soll diese Denkweise hier als *ökologisch-ganzheitlich* bezeichnet werden.

> **Merksatz**
> Das ökologisch-ganzheitliche Denken bezieht grundsätzlich die Umgebung eines Lebewesens in die Überlegungen mit ein und hält damit die Grenzen des jeweiligen Ökosystems offen (vgl. Schaefer 1978; Vester 1978).

Das ökologisch-ganzheitliche Denken überschreitet damit die starren Grenzen eines exklusiven Vorgehens, sodass der Kontext des Problems mit bedacht wird. Die Grenzen werden also bewusst offen gehalten und äußere Parameter mit einbezogen, die mit dem betrachteten Problem in Verbindung stehen könnten (vgl. Lonsert 1992), z. B. wird bei der Herstellung eines E-Autos die gesamte *Ökobilanz* (vgl. Abschn. 2.7) mit berücksichtigt von der Gewinnung der Rohstoffe wie z. B. Lithium, Kobalt und die vielen anderen Metalle, ihr Transport nach Europa,

L. Staeck, *Was bedeutet ökologisches Denken wirklich?*, essentials, https://doi.org/10.1007/978-3-662-66761-3_4

ihre Verarbeitung, die Herstellung der Karosserie und des Akkus, die Stromher-
stellung für den Betrieb dieser Autos, ihre Wartung bis hin zu ihrer Entsorgung
bzw. zur Rückgewinnung der verarbeiteten seltenen Erden und Metalle.

Damit wird deutlich, dass diese Denkweise im Gegensatz zum exklusiven
Denken ein *Kontinuumsdenken* ist, das langfristig angelegt ist, eine größtmögli-
che Reichweite umfasst, ständig nachjustiert werden muss und das versucht, das
zu behandelnde Problem zu Ende zu denken. In dieser Konsequenz verzichtet ein
auf ökologisch-ganzheitlichen Denken beruhendes Handeln im 21. Jahrhundert
auf quantitatives Wachstum, da dieses bei einer weiter steigenden Weltbevölkerung zu irreversiblen Schäden der noch bestehenden Ökosysteme führt. Dieses
bisherige Leitziel muss zugunsten eines *qualitativen* umweltschonenden und energiesparenden Wachstums mit obligatorischem Recycling der Wertstoffe ersetzt
werden.

Nur bei einem ökologisch-ganzheitlichen Denken können Schwellen- und
Grenzwerte, Umkippeffekte und exponentielle Abläufe antizipiert werden, bevor
es für ein Eingreifen zu spät ist.

Darüber hinaus ist diese Denkweise auch *empirisch,* damit aus der historischen
Bewertung Rückschlüsse auf künftige Entwicklungen gezogen werden können, z
B.

- Wie liefen frühere Klimaänderungen ab?
- Welche Ursachen könnte es dafür geben?

Bis heute hat die ökologisch-ganzheitliche Denkweise leider kaum Eingang
gefunden in unser Bewusstsein. Einige Gründe hierfür wurden in der Einleitung
des Kap. 3 dargelegt. Aber auch in der überwiegenden Zahl der Lehrpläne in
den verschiedenen Bundesländern wird es bis heute versäumt, diese Denkweisen an geeigneten Inhalten zu üben. In meinem Standardwerk für Biologielehrer
(vgl. Staeck 2009) weise ich auf diesen Mangel deutlich hin und fordere, diese
Denkstrategien verbindlich für alle Biologie-Lehramtsstudiengänge zu machen,
da wir sonst unsere Biosphäre nicht erhalten werden können. Bis heute gehört
allerdings die Vermittlung und Einübung des ökologischen Denkens immer noch
nicht zu den Kernkompetenzen des Biologieunterrichtes.

Folgende Fragen dienen der Anleitung zum ökologisch-ganzheitliche Denken:

1. Eine größere Sensibilität für das Erkennen von Problemen kann erreicht
   werden über die Fragen: „Kann das sein?" „ Könnte es auch anders sein?"
2. Zum Überwinden festgefahrener kognitiver Ansichten, sollte man fragen:
   „Könnte man das auch anders sehen?"

Tab. 4.1 Kennzeichen des ökologisch-ganzheitlichen Denkens im Vergleich zum exklusiven Denken	Ökologisch-ganzheitliches Denken ist…	Exklusives Denken ist …
	Inklusiv	Sektoral
	Dynamisch	Statisch, streng gradlinig, linear
	Integrativ	Kausal-analytisch
	Vernetzt	Kategorial
	Mehrdimensional	Eindimensional
	Zielorientiert	Nicht zu Ende gedacht
	Kontinuumsdenken	Lückenhaft
	Zieloffen; Zulassen von Alternativen	Zielfixiert; mangelndes Suchen nach Neuem
	Problemorientiert	Ausblenden von Problemen
	Empirisch	Erfahrungen bleiben unberücksichtigt
	Sowohl-als-auch Denken	Entweder-oder Denken
	Aktiv	Bequem

3. Gibt es im Umfeld scheinbar fernliegende Hypothesen, die man aufgreifen könnte?

Wenn der Leser sich im ökologisch-ganzheitlichen Denken üben möchte, dann kann ihm die Tab. 4.1 dabei helfen. Bei allen Überlegungen sollte stets hinterfragt werden: Sind alle angeführten Merkmale des ökologisch-ganzheitlichen Denkens erfüllt?

Nur mit einer konsequenten Anwendung des ökologischen Denkens können wir die Erhaltung der Naturvielfalt (Biodiversität) und die Schonung der natürlichen Lebensgrundlagen aller Organismen (Klima, Luft, Wasser, Boden) erhalten und fördern (Prinzip der Nachhaltigkeit). Es reicht demnach nicht, nur linear erkennbare Ursachen, Wirkungen und Beziehungen aufzudecken, z. B. mehr CO_2 führt zu einer Temperaturerhöhung. Das ist lediglich ein Ursache-Wirkungsdenken, ein Irrglaube, dass sich Ergebnisse, z. B. Temperaturkonstanz, schon erreichbar sind, wenn die eine erkannte Ursache beseitigt ist. Hier wird nicht zu Ende gedacht, denn die CO_2-Erhöhung hat bekanntlich viele Ursachen, von denen längst nicht alle erkannt sind.

4.1   Der Wald, ökologisch-ganzheitlich betrachtet

Am Beispiel des Waldes lässt sich dieser Grundsatz leicht nachvollziehen. Ein natürlicher, über Jahrhunderte gewachsener Wald ist nämlich nicht nur eine beliebige Ansammlung einzelner Bäume, sondern ein „Meta-Organismus", dessen Einzelglieder – die Bäume – über ihre Wurzeln mit einem gewaltigen Netzwerk aus Bodenpilzen (so genannte Mykorrhizen = Pilzfadengeflecht) verbunden sind. Dieses Geflecht bildet wie eine unsichtbare Intelligenz zusammen mit den Bäumen ein gigantisches Versorgungs- und Kommunikationssystem, über das die Bäume ernährt und sogar mittels chemischer Botenstoffe über Vorkommnisse in ihrer Nachbarschaft (z. B. Fressfeinde, die die Blätter benachbarter Bäume fressen oder ein bald sterbender und damit zusammenbrechender Baum) informiert werden. Durch Abholzung von Teilen des Waldes, z. B. für die Errichtung von IWT, gehen derartige Vernetzungen verloren, der Wald wird irreparabel geschädigt. Weitere Folgeschäden für die ursprünglichen Nahrungsketten und -netze innerhalb eines Waldes sowie für das regionale Klima (Grundwasserabsenkung, zunehmende Trockenheit, Temperaturerhöhung, CO_2-Aufnahme der Bäume wird reduziert) kommen noch hinzu. Jemand, der exklusiv denkt, sieht diese Bedrohung für den Wald gar nicht.

Ökologisches Denken impliziert im Gegensatz dazu, ein Ökosystem – wie den Wald – als Netzwerk anzusehen, das nur durch wechselseitig mit einander agierenden Faktoren bestehen bleibt. Neben diesen inklusiven, dynamischen, integrativen und vernetzten Betrachtungen sind auch zielorientierte, dabei durchaus zieloffene Überlegungen im Sinne des *Kontinuumsdenkens* anzustellen, z. B.

Fragen/Container

- Wie reagieren die aktuellen Baumarten in den Wäldern auf die Klimaerwärmung?
- Welche Anforderungen sind an Aufforstungsprogramme zu stellen?
- Können die bisher vielerorts vorherrschenden Fichten und Kiefern dem Hitzestress widerstehen oder müssen sie durch die Anpflanzung trockenheitsresistenter (z. B. mediterraner) Arten ersetzt werden?

Ein leicht umsetzbare Idee im Sinne einer ökologisch-ganzheitlichen Funktion des Waldes auch in Städten mit ihren Brachen, aufgelassenen, degradierten Flächen, (ehemaligen) Parkplätzen und Flachdächern lässt sich wie folgt beschreiben: Auf den beschriebenen Flächen lassen sich ohne erheblichen finanziellen

Aufwand kleinflächige Waldoasen anlegen, wobei schon eine Fläche ab 100×100 m^2 ausreicht. Diese Kleinstwälder oder *„Tiny forests"* werden schon seit Jahren in asiatischen Regionen, aber jetzt auch verstärkt in Europa (Niederlande, Großbritannien, Deutschland) erfolgreich angepflanzt (Bruns et al. 2019; Deutsche Welle 2021). In den oben angeführten Lebensräumen der Städte

- erhöhen sie sofort die Biodiversität: Das Edaphon (das sind alle Bodenlebewesen) nimmt sofort stark zu und damit stellen sich auch neue Insekten- und Vogelarten sehr schnell ein),
- verbessern sie das (Stadt-)Klima: Erhöhung der Luftfeuchtigkeit, Verringerung der Windgeschwindigkeit und der Temperatur, Verbrauch von CO_2 und
- sie erhöhen in ihrem Umfeld das Wohlbefinden der Menschen.

Diese Mini-Wälder zeichnen sich durch eine hohe Resilienz aus. Außerdem tragen sie – wie oben angedeutet – durch ihre Fotosynthese auch zur CO_2-Aufnahme bei.

Die Einrichtung dieser Kleinstwälder beginnt mit einer deutlich dichteren Anpflanzung von Baumarten (zwei bis sieben Bäumen pro m^2) als in selbst gewachsenen Wäldern. Hierbei sollten schnell wachsende, hitze- und trockenheitstolerantere Arten gepflanzt werden, wie z. B. Dreizähniger Ahorn, Trauben-Eiche, Elsbeere, Winterlinde, Esche, Hainbuche, Wildapfel, Birne. Damit wird gewährleistet, dass sich diese neu geschaffenen Habitate selbst erhalten. Durch die zu Anfang hohe Artendichte besteht in diesen Mini-Wäldern ein großer Konkurrenzdruck, wodurch die üblichen Sukzessionsstadien, d. h. der Wechsel einer Artenzusammensetzung im Zeitverlauf, übersprungen werden und sich in 20 bis 30 Jahren eine natürliche Waldgesellschaft mit 0,5 Baumarten/qm herausbilden kann. Wenn man diese Idee weiter denkt, dann lassen sich auch global in fast allen Klimazonen derartige neue Wälder pflanzen, wodurch große Mengen CO_2 verbraucht werden.

4.2 Übungen zum ökologisch-ganzheitlichen Denken

Wie stark unser traditionelles Denkmuster durch das exklusive Denken geprägt wird, lässt sich an den vielen „Vokabelfallen" erkennen, die wir noch immer benutzen, wenn wir unsere Beziehungen zu unserer natürlichen Umwelt beschreiben. Ganz im Sinne des Sozialdarwinismus haben wir für Lebewesen, die uns möglicherweise Schaden könnten, weder Mitleid noch Verständnis. Unsere Alltagssprache bringt das mit einer beträchtlichen Zahl von abwertenden Begriffen zum Ausdruck. Obwohl wir Menschen Teil des interagierenden und ausbalancierten Gesamtsystems Biosphäre sind, verwenden wir Begriffe wie Unkraut, Schädling, Ungeziefer, Untier, Ungeheuer, Raubtier, Raubvogel, Raubfisch, Killerwal, Mörderbienen, Killeralgen, Abfall, Unrat, Ödland, Brache. In dieser exklusiven Sichtweise ordnen wir die Welt in Gruppen von „nützlichen" und „schädlichen" Akteuren. So werden diese Begriffe in ihrer exklusiven Verwendung schnell zu Kategorien der Bewusstseinsbildung und Handlungsorientierung.

Um das ökologisch-ganzheitlichen Denken einzuüben und sich eigen zu machen, reicht nicht die einmalige Lektüre dieses Bandes. Es braucht vielmehr Übung. In der folgenden Aufgabe kann der Leser ein Training durchführen:

Aufgabe
Ersetze die angeführten Begriffe durch solche, die eine ökologisch-ganzheitliche Sicht eröffnen (Tab. 4.2):
    Die Auseinandersetzung mit diesen einseitigen Begriffen offenbart unser häufig eingeengtes Verständnis von Natur und macht deutlich, wie der ökologische-ganzheitliche und integrierende Gesamtzusammenhang außer Acht gelassen wird.

Tab. 4.2 Exklusive Begriffe im Verhältnis Mensch – Natur sollten durch ökologisch-ganzheitliche Ausdrücke ersetzt werden – Die vom Autor vorgeschlagenen Begriffe finden Sie in Tab. 4.3 am Ende dieses Bandes

Exklusive und sektorale Begriffe	Beschreiben Sie die im nebenstehenden Begriff zum Ausdruck kommende Sichtweise	Ersetzen Sie den exklusiven Begriff durch einen anderen, der die ökologischen Zusammenhänge deutlich macht und eine ganzheitliche Sicht eröffnet
Unkraut		
Ungeziefer		
Raubtier		
Raubfisch		
Raubvogel		
Killerwal		
Abfall		
Ödland		

Tab. 4.3 Exklusive Begriffe im Verhältnis Mensch – Natur sollten durch ökologisch-ganzheitliche Ausdrücke ersetzt werden (Aufgabenlösung)

Exklusive und sektorale Begriffe	Beschreiben Sie die im nebenstehenden Begriff zum Ausdruck kommende Sichtweise	Ersetzen Sie den exklusiven Begriff durch einen anderen, der die ökologischen Zusammenhänge deutlich macht und eine ganzheitliche Sicht eröffnet
Unkraut	Einseitig, anthropomorph	Wildkraut
Ungeziefer	Abwertend, Existenz absprechend	Insekten
Raubtier	Moralisierend, abwertend	Beutegreifer
Raubfisch	Moralisierend, abwertend	Beuteschnapper
Raubvogel	Moralisierend, abwertend	Greifvogel
Killerwal	Moralisierend, abwertend	Schwertwal, Orca
Abfall	Nichts mehr wert, verloren	Wertstoff
Ödland	Kahlschlag, wo kaum noch etwas wächst; vom Menschen oder infolge des Klimawandels verursachte Entwaldung	Wüstenlandschaft, unfruchtbares Land

Ein weiterer Bausteine zur Einübung des ökologisch-ganzheitlichen Denkens ist die Berücksichtigung des universellen Lebensprinzips der Polarität. Dieses Meta-Prinzip ist mit seiner Gegensätzlichkeit allen Lebensprozessen immanent: Leben spielt sich immer in einem Spannungsverhältnis ab, wie die kleine Auswahl der folgenden Gegensatzpaare deutlich macht:

- Gesundheit und Krankheit
- Tag und Nacht
- Wachstum und Stillstand
- Aktive Beweglichkeit und aktive Ruhe
- Stabilisierung und Destabilisierung
- Stoffwechsel und Stoff-Fixierung

So befindet sich z. B. auch ein See stets irgendwo zwischen Stabilisierung und Destabilisierung. Für den Betrachter – oder Ökologen – kommt es nun darauf an, die verschiedenen Perspektiven von Problemsituationen dieses Ökosystems zu analysieren, was ihm durch die Miteinbeziehung von vorhandenen Polaritäten in seine ökologisch-ganzheitliche Denkweise leichter gelingt.

In einer weiteren Übung soll nun der Leser derartige Gegensatzpole in einer Problemsituation benennen und analysieren, z. B. bei der Fragestellung „Begradigung und Vertiefung der Oder für den Einsatz größerer Container-Schiffe unter Berücksichtigung ökologischer Kriterien". Für die uferbewohnenden Pflanzen, Tiere und Menschen, für die Organismen im Fluss, für das fließende Wasser, für Eisbildung im Winter und andere Parameter sollen nun Gegensatzpaare gefunden werden, was zum dialektischen Denken zwingt und eine Auseinandersetzung mit gegensätzlichen Standpunkten und einen Perspektivwechsel ermöglicht.

Abschließend sollen hier noch einmal die drei Schlüsselbegriffe für das ökologisch-ganzheitliche Denken aufgeführt werden, die stets in diesen Denkprozess mit einzubeziehen sind: Nachhaltigkeit, Biodiversität und Ressourcenverbrauch. Hieraus ergeben sich die folgenden Kontrollfragen, die z. B. bei einer Produktherstellung oder bei einer (wirtschaftlichen) Tätigkeit positiv geklärt werden sollten:

Kontrollfragen/Container

- Zu welchem Ergebnis kam die Ökobilanz und die Umweltfolgenabschätzung?
- Welches Ergebnis erzielte die Aufstellung zum Ressourcenverbrauch?
- Welches Ergebnis ergab die Nachhaltigkeitsprüfung?
- Blieb die ursprüngliche natürliche Biodiversität bestehen? Welche Einbußen gab es?
- Wie gelingt es, die Biodiversität in NATURA-2000-Schutzgebieten wieder auszuweiten (z. B. durch ihre Vergrößerung und Vernetzung, ÿen)?

Übrigens: Ökologisch-ganzheitliches Denken schließt auch exklusive Denkschritte mit ein, sonst wäre es ja selbst exklusiv.

Erratum zu: Was bedeutet ökologisches Denken wirklich?

Erratum zu:
L. Staeck, *Was bedeutet ökologisches Denken wirklich?*, essentials,
https://doi.org/10.1007/978-3-662-66761-3

Der Autorenname war leider in der ursprünglich veröffentlichten Version irreführend angegeben. Der Vor- und Nachname waren vertauscht. Dies wurde nun korrigiert. Der Name lautet korrekterweise Lothar Staeck.

Die korrigierte Version des Buches ist verfügbar unter
https://doi.org/10.1007/978-3-662-66761-3

Was Sie aus diesem *Essential* mitnehmen können

- Unsere Umwelt setzt sich aus einem Netzwerk von untereinander agierenden Ökosystemen zusammen.
- Unsere bisherige auf quantitatives Wachstum ausgerichtete Wirtschaft ist durch ein Paradigmenwechsel hin zum umweltschonenden, energiesparenden qualitativen Wachstum mit obligatorischem Recycling der Wertstoffe zu ersetzen.
- Ökologisch-ganzheitliches Denken ist ein langfristig angelegtes Kontinuumsdenken, das das zu behandelnde Problem möglichst zu Ende denkt.
- Ökologisch-ganzheitliches Denken ist auf die Erhaltung eines nachhaltigen und stabilen Wirkungsgefüges zwischen uns Menschen und der uns umgebenden Natur ausgerichtet.
- Alles hängt mit allem zusammen.

Literatur

Aralimarad)free space!) et al. (2011). *Flight altitude selection increases orientation performance in high-flying nocturnal insect migrants.* In: Animal Behaviour, 82, S. 1221-1225 (doi:https://doi.org/10.1016/j.anbehav.2011.09.013).

ARD (2022). *Die schlummernde Gefahr in Windrädern.* In: https//:das (free space!) erste.de/information/wirtschaft-boerse/plusminus/videos/sf6-windraeder, 2022-100 html.

Asendorpf, D. *(2021). Gift aus der Windkraftanlage.* In: ZEIT Nr. 42/2021- https//:www.zeit.de/2021/42/emissionen-sf6-windkraft-schwefelhexafluorid-umwelt.

Barron-Gafford, G. et al. (2016). *The Photovoltaic Heat Island Effect: Larger solar power plants increase local temperatures.* In: Scientific reports, 6, 1, S. 1–7.Bellut-Staeck, U. (2023). Die Mikrozirkulation und ihre Bedeutung für alles Leben. Reihe Essentials. Heidelberg: Springer Nature.

Bruns, M. et al. (2019). *Handbook Tiny forests planting method.* Hrsg. IVN Naturreducative. Amsterdam.

Clemens, J. (2022). *Der Tag, an dem die Erde schlapp macht.* In: Die Welt, 26.7.2022, S. 11.

Deutsche Welle (25.5.2021). *Tiny Forests: Mehr Artenvielfalt in der Stadt?* https//www.dw.com/de/tiny-forests/a-57617378.

Ebbinghaus, H. (1985). *Über das Gedächtnis. Untersuchungen zur Experimentellen Psychologie.* Darmstadt: Wiss. Buchgesellschaft (Nachdruck aus 1885).

Frankel, O,H./Soulé, M.E. (1981). *Conservation and Evolution.* University Press: Cambridge.

Haeckel, E. (1866). *Generelle Morphologie der Organismen,* Band 2. Berlin: Reimer.

Jestrzemski, D. *(2021). Standortgebundener abgeschöpfter Wind fehlt dauerhaft,* in: Eifelon Emailzeitung, 26.2.21.

Jonas, H. (1979). *Das Prinzip Verantwortung.* Insel: Frankfurt/Main.

Junge, F. (1985). *Der Dorfteich als Lebensgemeinschaft.* In W. Riedel/G. Trommer (Hrgs.), Der Dorfteich als Lebensgemeinschaft. Quickborn: Lühr & Dirks.

Kramm, G. (2019). *Near-surface wind-speed stilling in Alaska during 1984-2016 and its impact on the sustainability of wind power.* In: Journal of Power an Energy Engineering, 7, S. 71-124.

Lonsert, M. (1992). *Exklusives und inklusives Denken in der Geschichte des Abendlandes.* In: H. Entrich/L. Staeck (Hrsg.), *Sprache und Verstehen im Biologieunterricht* (S. 119–127). Alsbach: Leuchtturm-Verlag.

© Der/die Herausgeber bzw. der/die Autor(en), exklusiv lizenziert an Springer-Verlag GmbH, DE, ein Teil von Springer Nature 2023
L. Staeck, *Was bedeutet ökologisches Denken wirklich?*, essentials, https://doi.org/10.1007/978-3-662-66761-3

Lovelock, J. (2021). *Das Gaia-Prinzip.* München: Oekom-Verlag (1. Auflage 1979).

Meadows, D. et al. (1972). *Die Grenzen des Wachstums.* DVA: Stuttgart.

Meadows, D. et al. (1993, 6. Aufl.). *Die neuen Grenzen des Wachstums.* DAV: Stuttgart.

Miller,L. (2020). *The warmth of wind power.* In: Physics, 73, 8, S. 58.

Miller, L. & Keith, D. (2018). *Climatic impacts of wind power.* Joule, 2, S. 1 - 15.

Möbius, K. (2006). *Die Auster und die Austernwirtschaft.* 2. Aufl. Frankfurt/M.: H. Deutsch.

NABU (2015). *Neues Helgoländer Papier.* In: https://www.nabu.de/umwelt/06358. html. Zugegriffen: 1.9.22.

Osche, G. (2. Aufl. 1976). *Ökologie.* Freiburg: Herder.

Qun Tian et al. (2019), *Observed und global climate model based changes in wind power potential over the Northern Hemissphere during 1979–2016,* in: Energy, Vol 167, 15.1.2019, S. 1224 - 1235.

Raven, P. et al. (4. Aufl. 2006). *Biologie der Pflanzen.* Berlin: De Gruyter.

Ruckelshaus, W.D. (1989). *Politik für eine lebensfähige Welt.* Spektrum, 11, S. 152-162.

Schaefer, G. (1978). *Inklusives Denken – Leitlinie für den Unterricht,* In: Trommer, G./Wenk, K. (Hrsg.). *Leben in Ökosystemen* (S. 10–29). Braunschweig:Westermann.

Schaefer, G. (1992). *Begriffsforschung als Mittel zur Unterrichtsgestaltung.* In: H. Entrich/ L. Staeck (Hrsg.), *Sprache und Verstehen im Biologieunterricht* (S. 128–139). Alsbach: Leuchtturm-Verlag.

Scholz, C./ Voigt, C (2022): *Diet analysis of bats killed at wind turbines suggest large scale losses of trophic interactions.* In: Conservation Science and Practice. – DOI: https://doi. org/10.1111/csp2.12744.

Staeck, L. (6. Aufl. 2009). *Zeitgemäßer Biologieunterricht.* Hohengehren: Schneider.

Streit, B. (2007). *Was ist Biodiversität?* München: C.H. Beck.Thess, A. und Lengsfeld, P. (2022). Side Effects of Wind Energy: Review of Three Topics. Status and Open Questions. In: Sustainability, 2022, 14, 1686 und https://doi. org/10.3390/su 14231 6186, S. 1-17.Trieb, F. (2018). Interference of Flying Insects and Wind Parks. Study Report. Hrsg.: German Aero Space Center, Oktober 2018; online: www.dlr.de //tt/fluginsekten; eingestellt: 20.11.22.Vahrenholt, F. und Lüning, S. (2020). Unerwünschte Wahrheiten. Was Sie über den Klimawandel wissen sollten. Langen Müller: München.

Vester, F.: (1978). *Unsere Welt – Ein vernetztes System.* Stuttgart: Klett-Cotta.

Vester, F. (1984, 2. Aufl.): *Neuland des Denkens.* München: DTV.

Voigt, C. (2022): *Diet analysis of bats killed at wind turbines suggest large scale losses of trophic interactions.* In: Conservation and Practise,e12744 – DOI: 10.1111.

Von Hann, J. (1883). *Handbuch der Klimatologie,* online.

Waller, H. (2022): *Netzwerkanalyse für Photovoltaikanlagen.* In: AKEN Memo, 2.5.22, S. 1–11.

Weidel, H. (2008): *Die Verteilung des Aeroplanktons über Schleswig-Holstein.* Dissertation Christian-Albrechts-Universität Kiel.

Weltkommission für Umwelt und Entwicklung (1987). *Der Brundtland-Bericht.* Greven: Eggenkamp.

Wetzel, D. (2022). *Der Kampf ums Meer,* in: WELT, 11.10.2022.

Printed in the United States
by Baker & Taylor Publisher Services